사고력도 탄탄! 창의력도 탄탄!

수학 일등의 지름길 「기탄사고력수학

단계별·능력별 프로그램식 학습지입니다

유아부터 초등학교 6학년까지 각 단계별로 4~6권씩 총 52권으로 구성되었으며, 처음 시작할 때 나이와 학년에 관계없이 능력별 수준에 맞추어 학습하는 프로그램식 학습지입니다.

사고력·창의력을 키워 주는 수학 학습지입니다

다양한 사고 단계를 거쳐 문제 해결력을 높여 주며, 개념과 원리를 이해하도록 하여 수학적 사고력을 키워 줍니다. 또 수학적 사고를 바탕으로 스스로 생각하고 깨닫는 창의력을 키워 줍니다.

유아 과정은 물론 초등학교 수학의 전 영역을 골고루 학습합니다

운필력, 공간 지각력, 수 개념 등 유아 과정부터 시작하여, 초등학교 과정인 수와 연산, 도형 등 수학의 전 영역을 골고루 다루어, 자녀들의 수학적 사고의 폭을 넓히는 데 큰 도움을 줍니다.

학습 지도 가이드와 다양한 학습 성취도 평가 자료를 수록했습니다

매주, 매달, 매 단계마다 학습 목표에 따른 지도 내용과 지도 요점, 완벽한 해설을 제공하여 학부모님께서 쉽게 지도하실 수 있습니다. 창의력 문제와 수학 경시 대회 예상 문제를 단계별로 수록, 수학 실력을 완성시켜 줍니다.

과학적 학습 분량으로 공부하는 습관이 몸에 배입니다

하루 10~20분 정도의 과학적 학습량으로 공부에 싫증을 느끼지 않게 하고, 학습에 자신감을 가지도록 하였습니다. 매일 일정 시간 꾸준하게 공부하도록 하면, 시키지 않아도 공부하는 습관이 몸에 배게 됩니다.

「기탄사고력수학」은 체계적이고 장기적인 프로그램으로 꾸준히 학습하면 반드시 성적으로 보답합니다

✿ 스몰 스텝(Small Step)방식으로 꾸준히 학습하면 성적이 올라갑니다

「기탄사고력수학」은 단순히 문제만 나열한 문제집이 아닙니다. 체계적이고 장기적인 학습프로그램을 통해 수학적 사고력과 창의력을 완성시켜 주는 스몰 스텝(Small Step)방식으로 꾸준히 학습하면 반드시 성적이 올라갑니다.

✿ 하루 3장, 10~20분씩 규칙적으로 학습하게 하세요

매일 일정 시간에 일정한 학습량을 꾸준히 재미있게 해야만 학습효과를 높일 수 있습니다. 주별로 분철하기 쉽게 제본되어 있으니, 교재를 구입하시면 먼저 분철하여 일주일 학습 분량만 자녀들에게 나누어 주세요. 그래야만 아이들이 학습 성취감과 자신감을 가질 수 있습니다.

✿ 자녀들의 수준에 알맞은 교재를 선택하세요

〈기탄사고력수학〉은 유아에서 초등학교 6학년까지, 나이와 학년에 관계없이 학습 난이도별로 자신의 능력에 맞는 단계를 선택하여 시작하는 능력별 교재입니다. 그러나 자녀의 수준보다 1~2단계 낮춘 교재부터 시작하면 학습에 더욱 자신감을 갖게 되어 효과적입니다.

교재 구분	교재 구성	대 상
A단계 교재	1, 2, 3, 4집	4세 ~ 5세 아동
B단계 교재	1, 2, 3, 4집	5세 ~ 6세 아동
C단계 교재	1, 2, 3, 4집	6세 ~ 7세 아동
D단계 교재	1, 2, 3, 4집	7세 ~ 초등학교 1학년
E단계 교재	1, 2, 3, 4, 5, 6집	초등학교 1학년
F단계 교재	1, 2, 3, 4, 5, 6집	초등학교 2학년
G단계 교재	1, 2, 3, 4, 5, 6집	초등학교 3학년
H단계 교재	1, 2, 3, 4, 5, 6집	초등학교 4학년
I 단계 교재	1, 2, 3, 4, 5, 6집	초등학교 5학년
J단계 교재	1, 2, 3, 4, 5, 6집	초등학교 6학년

「기탄사고력수학」으로 수학 성적 올리는 일등비법을 공개합니다

※ 문제를 먼저 풀어 주지 마세요

기탄사고력수학은 직관(전체 감지)을 논리(이론과 구체 연결)로 발전시켜 답을 구하도록 구성되었습니다. 쉽게 문제를 풀지 못하더라도 노력하는 과정에서 더 많은 것을 얻을 수 있으니, 약간의 힌트 외에는 자녀가 스스로 끝까지 문제를 풀어 나갈 수 있도록 격려해 주세요.

※ 교재는 이렇게 활용하세요

먼저 자녀들의 능력에 맞는 교재를 선택하세요. 그리고 일주일 분량씩 분철하여 매일 3장씩 풀 수 있도록 해 주세요. 한꺼번에 많은 양의 교재를 주시면 어린이가 부담을 느껴서 학습을 미루거나 포기하기 쉽습니다. 적당한 양을 매일 매일 학습하도록 하여 수학 공부하는 재미를 느낄 수 있도록 해 주세요.

※ 교재 학습 과정을 꼭 지켜 주세요

한 주 학습이 끝날 때마다 창의력 문제와 경시 대회 예상 문제를 꼭 풀고 넘어가도록 해 주시고, 한 권(한 달 과정)이 끝나면 성취도 테스트와 종료 테스트를 통해 스스로 실력을 가늠해 볼 수 있도록 도와 주세요. 문제를 다 풀면 반드시 해답지를 이용하여 정확하게 채점해 주시고, 틀린 문제를 체크해 놓았다가 다음에는 확실히 풀 수 있도록 지도해 주세요.

※ 자녀의 학습 관리를 게을리 하지 마세요

수학적 사고는 하루 아침에 생겨나는 것이 아닙니다. 날마다 꾸준히 규칙적으로 학습해 나갈 때에만 비로소 수학적 사고의 기틀이 마련되는 것입니다. 교육은 사랑입니다. 자녀가 학습한 부분을 어머니께서 꼭 확인하시면서 사랑으로 돌봐 주세요. 부모님의 관심 속에서 자란 아이들만이 성적 향상은 물론 이 사회에서 꼭 필요한 인격체로 성장해 나갈 수 있다는 것도 잊지 마세요.

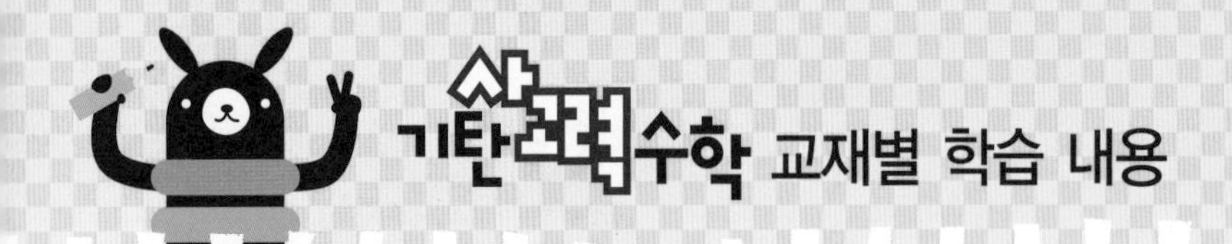

단계 교재

A – ❶ 교재	A – ❷ 교재
나와 가족에 대하여 알기 바른 행동 알기 다양한 선 그리기 다양한 사물 색칠하기 ○△□ 알기 똑같은 것 찾기 빠진 것 찾기 종류가 같은 것과 다른 것 찾기 관찰력, 논리력, 사고력 키우기	필요한 물건 찾기 관계 있는 것 찾기 다양한 기준에 따라 분류하기 (종류, 용도, 모양, 색깔, 재질, 계절, 성질 등) 두 가지 기준에 따라 분류하기 다섯까지 세기 변별력 키우기 미로 통과하기

A – ❸ 교재	A – ❹ 교재
다양한 기준으로 비교하기 (길이, 높이, 양, 무게, 크기, 두께, 넓이, 속도, 깊이 등) 시간의 순서 비교하기 반대 개념 알기 3까지의 숫자 배우기 그림 퍼즐 맞추기 미로 통과하기	최상급 개념 알기 다양한 기준으로 순서 짓기 (크기, 시간, 길이, 두께 등) 네 가지 이상 비교하기 이중 서열 알기 ABAB, ABCABC의 규칙성 알기 다양한 규칙 이해하기 부분과 전체 알기 5까지의 숫자 배우기 일대일 대응, 일대다 대응 알기 미로 통과하기

단계 교재

B – ❶ 교재	B – ❷ 교재
열까지 세기 9까지의 숫자 배우기 사물의 기본 모양 알기 모양 구성하기 모양 나누기와 합치기 같은 모양, 짝이 되는 모양 찾기 위치 개념 알기 (위, 아래, 앞, 뒤) 위치 파악하기	9까지의 수량, 수 단어, 숫자 연결하기 구체물을 이용한 수 익히기 반구체물을 이용한 수 익히기 위치 개념 알기 (안, 밖, 왼쪽, 가운데, 오른쪽) 다양한 위치 개념 알기 시간 개념 알기 (낮, 밤) 구체물을 이용한 수와 양의 개념 알기 (같다, 많다, 적다)

B – ❸ 교재	B – ❹ 교재
순서대로 숫자 쓰기 거꾸로 숫자 쓰기 1 큰 수와 2 큰 수 알기 1 작은 수와 2 작은 수 알기 반구체물을 이용한 수와 양의 개념 알기 보존 개념 익히기 여러 가지 단위 배우기	순서수 알기 사물의 입체 모양 알기 입체 모양 나누기 두 수의 크기 비교하기 여러 수의 크기 비교하기 0의 개념 알기 0부터 9까지의 수 익히기

단계 교재

C – ❶ 교재	C – ❷ 교재
구체물을 통한 수 가르기 반구체물을 통한 수 가르기 숫자를 도입한 수 가르기 구체물을 통한 수 모으기 반구체물을 통한 수 모으기 숫자를 도입한 수 모으기	수 가르기와 모으기 여러 가지 방법으로 수 가르기 수 모으고 다시 수 가르기 수 가르고 다시 수 모으기 더해 보기 세로로 더해 보기 빼 보기 세로로 빼 보기 더해 보기와 빼 보기 바꾸어서 셈하기
C – ❸ 교재	**C – ❹ 교재**
길이 측정하기 넓이 측정하기 둘레 측정하기 부피 측정하기 활동 시간 알아보기 여러 가지 측정하기 높이 측정하기 크기 측정하기 무게 측정하기 들이 측정하기 시간의 순서 알아보기	열 개 열 개 만들어 보기 열 개 묶어 보기 자리 알아보기 수 '10' 알아보기 10의 크기 알아보기 더하여 10이 되는 수 알아보기 열다섯까지 세어 보기 스물까지 세어 보기

단계 교재

D – ❶ 교재	D – ❷ 교재
수 11~20 알기 11~20까지의 수 알기 30까지의 수 알아보기 자릿값을 이용하여 30까지의 수 나타내기 40까지의 수 알아보기 자릿값을 이용하여 40까지의 수 나타내기 자릿값을 이용하여 50까지의 수 나타내기 50까지의 수 알아보기	상자 모양, 공 모양, 둥근기둥 모양 알아보기 공간 위치 알아보기 입체도형으로 모양 만들기 여러 방향에서 본 모습 관찰하기 평면도형 알아보기 선대칭 모양 알아보기 모양 만들기와 탱그램
D – ❸ 교재	**D – ❹ 교재**
덧셈 이해하기 10이 되는 더하기 여러 가지로 더해 보기 덧셈 익히기 뺄셈 이해하기 10에서 빼기 여러 가지로 빼 보기 뺄셈 익히기	조사하여 기록하기 그래프의 이해 그래프의 활용 분수의 이해 시간 느끼기 사건의 순서 알기 소요 시간 알아보기 달력 보기 시계 보기 활동한 시간 알기

단계 교재

E - ❶ 교재	E - ❷ 교재	E - ❸ 교재
사물의 개수를 세어 보고 1, 2, 3, 4, 5 알아보기 0의 개념과 0~5까지의 수의 순서 알기 하나 더 많다, 적다의 개념 알기 두 수의 크기 비교하기 사물의 개수를 세어 보고 6, 7, 8, 9 알아보기 0~9까지의 수의 순서 알기 하나 더 많다, 적다의 개념 알기 두 수의 크기 비교하기 여러 가지 모양 알아보기, 찾아보기, 만들어 보기 규칙 찾기	두 수로 가르기 두 수를 모으기 가르기와 모으기 덧셈식 알아보기 뺄셈식 알아보기 길이 비교해 보기 높이 비교해 보기 들이 비교해 보기 무게 비교해 보기 넓이 비교해 보기	수 10(십) 알아보기 19까지의 수 알아보기 몇십과 몇십 몇 알아보기 물건의 수 세기 50까지 수의 순서 알아보기 두 수의 크기 비교하기 분류하기 분류하여 세어 보기
E - ❹ 교재	**E - ❺ 교재**	**E - ❻ 교재**
수 60, 70, 80, 90 99까지의 수 수의 순서 두 수의 크기 비교 여러 가지 모양 알아보기, 찾아보기 여러 가지 모양 만들기, 그리기 규칙 찾기 10을 두 수로 가르기 10이 되도록 두 수를 모으기	10이 되는 더하기 10에서 빼기 세 수의 덧셈과 뺄셈 (몇십)+(몇), (몇십 몇)+(몇), (몇십 몇)+(몇십 몇) (몇십 몇)-(몇), (몇십 몇)-(몇십 몇) 긴바늘, 짧은바늘 알아보기 몇 시 알아보기 몇 시 30분 알아보기	세 수의 덧셈 받아올림이 있는 (몇)+(몇) 받아내림이 있는 (십 몇)-(몇) 세 수의 계산 덧셈식, 뺄셈식 만들기 □가 있는 덧셈식, 뺄셈식 만들기 여러 가지 방법으로 해결하기

단계 교재

F - ❶ 교재	F - ❷ 교재	F - ❸ 교재
백(100)과 몇백(200, 300, ……)의 개념 이해 세 자리 수와 뛰어 세기의 이해 세 자리 수의 크기 비교 받아올림이 있는 (두 자리 수)+(한 자리 수)의 계산 받아내림이 있는 (두 자리 수)-(한 자리 수)의 계산 세 수의 덧셈과 뺄셈 선분과 직선의 차이 이해 사각형, 삼각형, 원 등의 여러 가지 모양 쌓기나무로 똑같이 쌓아 보고 여러 가지 모양 만들기 배열 순서에 따라 규칙 찾아내기	받아올림이 있는 (두 자리 수)+(두 자리 수)의 계산 받아내림이 있는 (두 자리 수)-(두 자리 수)의 계산 여러 가지 방법으로 계산하고 세 수의 혼합 계산 길이 비교와 단위길이의 비교 길이의 단위(cm) 알기 길이 재기와 길이 어림하기 어떤 수를 □로 나타내기 덧셈식 · 뺄셈식에서 □의 값 구하기 어떤 수를 구하는 식 만들기 식에 알맞은 문제 만들기	시각 읽기 시각과 시간의 차이 알기 하루의 시간 알기 달력을 보며 1년 알기 몇 시 몇 분 전 알기 반 시간 알기 묶어 세기 몇 배 알아보기 더하기를 곱하기로 나타내기 덧셈식과 곱셈식으로 나타내기
F - ❹ 교재	**F - ❺ 교재**	**F - ❻ 교재**
2~9의 단 곱셈구구 익히기 1의 단 곱셈구구와 0의 곱 곱셈표에서 규칙 찾기 받아올림이 없는 세 자리 수의 덧셈 받아내림이 없는 세 자리 수의 뺄셈 여러 가지 방법으로 계산하기 미터(m)와 센티미터(cm) 길이 재기 길이 어림하기 길이의 합과 차	받아올림이 있는 세 자리 수의 덧셈 받아내림이 있는 세 자리 수의 뺄셈 여러 가지 방법으로 덧셈 · 뺄셈하기 세 수의 혼합 계산 똑같이 나누기 전체와 부분의 크기 분수의 쓰기와 읽기 분수만큼 색칠하고 분수로 나타내기 표와 그래프로 나타내기 조사하여 표와 그래프로 나타내기	□가 있는 곱셈식을 만들어 문제 해결하기 규칙을 찾아 문제 해결하기 거꾸로 생각하여 문제 해결하기

단계 교재

G - ❶ 교재	G - ❷ 교재	G - ❸ 교재
1000의 개념 알기 몇천, 네 자리 수 알기 수의 자릿값 알기 뛰어 세기, 두 수의 크기 비교 세 자리 수의 덧셈 덧셈의 여러 가지 방법 세 자리 수의 뺄셈 뺄셈의 여러 가지 방법 각과 직각의 이해 직각삼각형, 직사각형, 정사각형의 이해	똑같이 묶어 덜어 내기와 똑같게 나누기 나눗셈의 몫 곱셈과 나눗셈의 관계 나눗셈의 몫을 구하는 방법 나눗셈의 세로 형식 곱셈을 활용하여 나눗셈의 몫 구하기 평면도형 밀기, 뒤집기, 돌리기 평면도형 뒤집고 돌리기 (몇십)×(몇)의 계산 (두 자리 수)×(한 자리 수)의 계산	분수만큼 알기와 분수로 나타내기 몇 개인지 알기 분수의 크기 비교 mm 단위를 알기와 mm 단위까지 길이 재기 km 단위를 알기 km, m, cm, mm의 단위가 있는 길이의 합과 차 구하기 시각과 시간의 개념 알기 1초의 개념 알기 시간의 합과 차 구하기
G - ❹ 교재	**G - ❺ 교재**	**G - ❻ 교재**
(네 자리 수)+(세 자리 수) (네 자리 수)+(네 자리 수) (네 자리 수)−(세 자리 수) (네 자리 수)−(네 자리 수) 세 수의 덧셈과 뺄셈 (세 자리 수)×(한 자리 수) (몇십)×(몇십) / (두 자리 수)×(몇십) (두 자리 수)×(두 자리 수) 원의 중심과 반지름 / 그리기 / 지름 / 성질	(몇십)÷(몇) 내림이 없는 (몇십 몇)÷(몇) 나눗셈의 몫과 나머지 나눗셈식의 검산 / (몇십 몇)÷(몇) 들이 / 들이의 단위 들이의 어림하기와 합과 차 무게 / 무게의 단위 무게의 어림하기와 합과 차 0.1 / 소수 알아보기 소수의 크기 비교하기	막대그래프 막대그래프 그리기 그림그래프 그림그래프 그리기 알맞은 그래프로 나타내기 규칙을 정해 무늬 꾸미기 규칙을 찾아 문제 해결 표를 만들어서 문제 해결 예상과 확인으로 문제 해결

단계 교재

H - ❶ 교재	H - ❷ 교재	H - ❸ 교재
만 / 다섯 자리 수 / 십만, 백만, 천만 억 / 조 / 큰 수 뛰어서 세기 두 수의 크기 비교 100, 1000, 10000, 몇백, 몇천의 곱 (세,네 자리 수)×(두 자리 수) 세 수의 곱셈 / 몇십으로 나누기 (두,세 자리 수)÷(두 자리 수) 각의 크기 / 각 그리기 / 각도의 합과 차 삼각형의 세 각의 크기의 합 사각형의 네 각의 크기의 합	이등변삼각형 / 이등변삼각형의 성질 정삼각형 / 예각과 둔각 예각삼각형 / 둔각삼각형 덧셈, 뺄셈 또는 곱셈, 나눗셈이 섞여 있는 혼합 계산 덧셈, 뺄셈, 곱셈, 나눗셈이 섞여 있는 혼합 계산 ( ), { }가 있는 혼합 계산 분수와 진분수 / 가분수와 대분수 대분수를 가분수로, 가분수를 대분수로 나타내기 분모가 같은 분수의 크기 비교	소수 소수 두 자리 수 소수 세 자리 수 소수 사이의 관계 소수의 크기 비교 규칙을 찾아 수로 나타내기 규칙을 찾아 글로 나타내기 새로운 무늬 만들기
H - ❹ 교재	**H - ❺ 교재**	**H - ❻ 교재**
분모가 같은 진분수의 덧셈 분모가 같은 대분수의 덧셈 분모가 같은 진분수의 뺄셈 분모가 같은 대분수의 뺄셈 분모가 같은 대분수와 진분수의 덧셈과 뺄셈 소수의 덧셈 / 소수의 뺄셈 수직과 수선 / 수선 긋기 평행선 / 평행선 긋기 평행선 사이의 거리	사다리꼴 / 평행사변형 / 마름모 직사각형과 정사각형의 성질 다각형과 정다각형 / 대각선 여러 가지 모양 만들기 여러 가지 모양으로 덮기 직사각형과 정사각형의 둘레 1cm^2 / 직사각형과 정사각형의 넓이 여러 가지 도형의 넓이 이상과 이하 / 초과와 미만 / 수의 범위 올림과 버림 / 반올림 / 어림의 활용	꺾은선그래프 꺾은선그래프 그리기 물결선을 사용한 꺾은선그래프 물결선을 사용한 꺾은선그래프 그리기 알맞은 그래프로 나타내기 꺾은선그래프의 활용 두 수 사이의 관계 두 수 사이의 관계를 식으로 나타내기 문제를 해결하고 풀이 과정을 설명하기

단계 교재

I - ❶ 교재	I - ❷ 교재	I - ❸ 교재
약수 / 배수 / 배수와 약수의 관계 공약수와 최대공약수 공배수와 최소공배수 크기가 같은 분수 알기 크기가 같은 분수 만들기 분수의 약분 / 분수의 통분 분수의 크기 비교 / 진분수의 덧셈 대분수의 덧셈 / 진분수의 뺄셈 대분수의 뺄셈 / 세 분수의 덧셈과 뺄셈	세 분수의 덧셈과 뺄셈 (진분수)×(자연수) / (대분수)×(자연수) (자연수)×(진분수) / (자연수)×(대분수) (단위분수)×(단위분수) (진분수)×(진분수) / (대분수)×(대분수) 세 분수의 곱셈 / 합동인 도형의 성질 합동인 삼각형 그리기 면, 모서리, 꼭짓점 직육면체와 정육면체 직육면체의 성질 / 겨냥도 / 전개도	평행사변형의 넓이 삼각형의 넓이 사다리꼴의 넓이 마름모의 넓이 넓이의 단위 m^2, a 넓이의 단위 ha, km^2 넓이의 단위 관계 무게의 단위
I - ❹ 교재	**I - ❺ 교재**	**I - ❻ 교재**
분수와 소수의 관계 분수를 소수로, 소수를 분수로 나타내기 분수와 소수의 크기 비교 1÷(자연수)를 곱셈으로 나타내기 (자연수)÷(자연수)를 곱셈으로 나타내기 (진분수)÷(자연수) / (가분수)÷(자연수) (대분수)÷(자연수) 분수와 자연수의 혼합 계산 선대칭도형/선대칭의 위치에 있는 도형 점대칭도형/점대칭의 위치에 있는 도형	(소수)×(자연수) / (자연수)×(소수) 곱의 소수점의 위치 (소수)×(소수) 소수의 곱셈 (소수)÷(자연수) (자연수)÷(자연수) 줄기와 잎 그림 그림그래프 평균 자료를 그래프로 나타내고 설명하기	두 수의 크기 비교 비율 백분율 할푼리 실제로 해 보기와 표 만들기 그림 그리기와 식 만들기 예상하고 확인하기와 표 만들기 실제로 해 보기와 규칙 찾기

단계 교재

J - ❶ 교재	J - ❷ 교재	J - ❸ 교재
(자연수)÷(단위분수) 분모가 같은 진분수끼리의 나눗셈 분모가 다른 진분수끼리의 나눗셈 (자연수)÷(진분수) / 대분수의 나눗셈 분수의 나눗셈 활용하기 소수의 나눗셈 / (자연수)÷(소수) 소수의 나눗셈에서 나머지 반올림한 몫 입체도형과 각기둥 / 각뿔 각기둥의 전개도 / 각뿔의 전개도	쌓기나무의 개수 쌓기나무의 각 자리, 각 층별로 나누어 개수 구하기 규칙 찾기 쌓기나무로 만든 것, 여러 가지 입체도형, 여러 가지 생활 속 건축물의 위, 앞, 옆에서 본 모양 원주와 원주율 / 원의 넓이 띠그래프 알기 / 띠그래프 그리기 원그래프 알기 / 원그래프 그리기	비례식 비의 성질 가장 작은 자연수의 비로 나타내기 비례식의 성질 비례식의 활용 연비 두 비의 관계를 연비로 나타내기 연비의 성질 비례배분 연비로 비례배분
J - ❹ 교재	**J - ❺ 교재**	**J - ❻ 교재**
(소수)÷(분수) / (분수)÷(소수) 분수와 소수의 혼합 계산 원기둥 / 원기둥의 전개도 원뿔 회전체 / 회전체의 단면 직육면체와 정육면체의 겉넓이 부피의 비교 / 부피의 단위 직육면체와 정육면체의 부피 부피의 큰 단위 부피와 들이 사이의 관계	원기둥의 겉넓이 원기둥의 부피 경우의 수 순서가 있는 경우의 수 여러 가지 경우의 수 확률 미지수를 x로 나타내기 등식 알기 / 방정식 알기 등식의 성질을 이용하여 방정식 풀기 방정식의 활용	두 수 사이의 대응 관계 / 정비례 정비례를 활용하여 생활 문제 해결하기 반비례 반비례를 활용하여 생활 문제 해결하기 그림을 그리거나 식을 세워 문제 해결하기 거꾸로 생각하거나 식을 세워 문제 해결하기 표를 작성하거나 예상과 확인을 통하여 문제 해결하기 여러 가지 방법으로 문제 해결하기 새로운 문제를 만들어 풀어 보기

사고력도 탄탄! 창의력도 탄탄!

기탄사고력수학

F61a ~ F75b

학습 관리표

학습 내용		이번 주는?
덧셈과 뺄셈 (2)	· 받아올림이 있는 (두 자리 수)+(두 자리 수)의 계산 · 받아내림이 있는 (두 자리 수)−(두 자리 수)의 계산 · 여러 가지 방법으로 계산하기 · 세 수의 혼합 계산 · 창의력 학습 · 경시 대회 예상 문제	• 학습 방법 : ① 매일매일 ② 가끔 ③ 한꺼번에 하였습니다. • 학습 태도 : ① 스스로 잘 ② 시켜서 억지로 하였습니다. • 학습 흥미 : ① 재미있게 ② 싫증내며 하였습니다. • 교재 내용 : ① 적합하다고 ② 어렵다고 ③ 쉽다고 하였습니다.

지도 교사가 부모님께	부모님이 지도 교사께

평가	Ⓐ 아주 잘함	Ⓑ 잘함	Ⓒ 보통	Ⓓ 부족함

원(교) 반 이름 전화

기초부터 탄탄하게
기탄교육
www.gitan.co.kr / (02)586-1007(대)

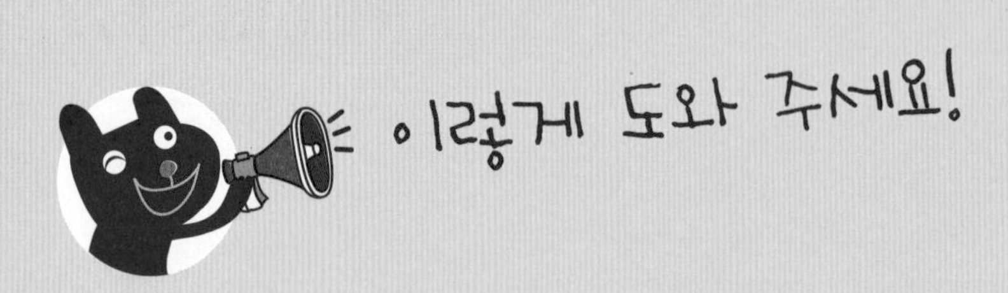

● 학습 목표

- 받아올림이 있는 (두 자리 수)+(두 자리 수)의 계산 문제와
  받아내림이 있는 (두 자리 수)-(두 자리 수)의 계산 문제를 풀 수 있다.
- 여러 가지 방법으로 덧셈과 뺄셈을 할 수 있다.
- 세 수의 혼합 계산 방법을 이해하고 계산할 수 있다.

● 지도 내용

- 받아올림이 있는 (두 자리 수)+(두 자리 수)의 계산 문제와
  받아내림이 있는 (두 자리 수)-(두 자리 수)의 계산 문제를 풀 수 있도록 한다.
- 여러 가지 방법으로 덧셈과 뺄셈을 할 수 있도록 한다.
- 여러 가지 문제를 풀어 봄으로써 세 수의 혼합 계산을 잘할 수 있도록 한다.

● 지도 요점

받아올림이 있는 (두 자리 수)+(두 자리 수)의 계산 문제와 받아내림이 있는 (두 자리 수)-(두 자리 수)의 계산 문제를 풀 때에는, 일의 자리부터 계산하고 난 후에 십의 자리를 계산한다는 것을 인지시켜 주는 것이 중요합니다.
계산 원리를 이해한 다음에는 계산 기능을 숙달시키는 과정이 중요하므로, 연습의 기회를 많이 주어 받아올림이나 받아내림 처리가 능숙해지도록 합니다.
여러 가지 방법으로 덧셈과 뺄셈을 할 수 있다는 것을 알려 주어, 아이들이 계산 문제를 풀 때 어려워 하지 않도록 지도해 주십시오.
세 수의 덧셈은 더하는 순서를 바꾸어 계산해도 관계없으나, 세 수의 뺄셈 또는 덧셈과 뺄셈이 섞여 있는 혼합 계산은 반드시 앞에서부터 두 수씩 차례로 계산해야 된다는 것을 알려 주십시오.
한 자리 수의 덧셈, 뺄셈과 마찬가지로 두 자리 수의 덧셈, 뺄셈은 일상생활에서 많이 활용되므로 암산으로 해결할 수 있도록 지도합니다.

❀ 이름 :

❀ 날짜 :

❀ 시간 : 시 분 ~ 시 분

다음 □ 안에 알맞은 수를 써넣으시오.(1~3)

1. 37+25= □

```
    3 7
  + 2 5
  -----
    1 2  ............ ( 7  + 5  )
    5 0  ............ ( 30 + 20 )
  -----
  [ 6 2 ] ............ ( 12 + 50 )
```

2.

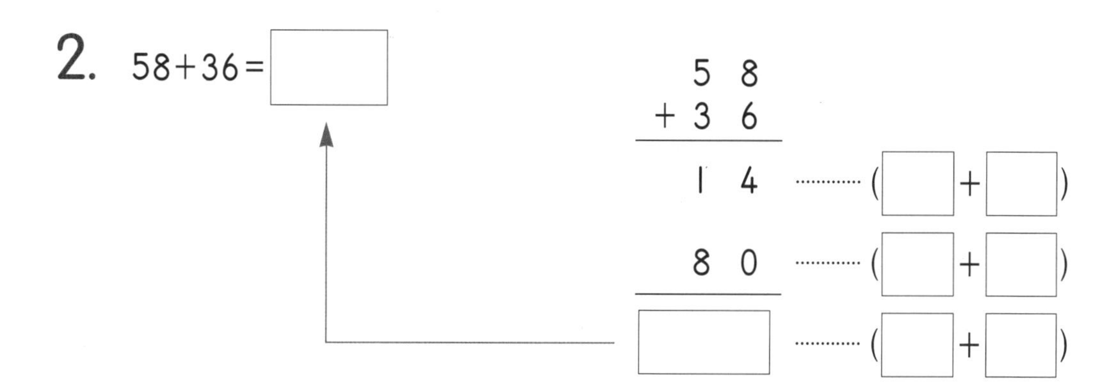

3.

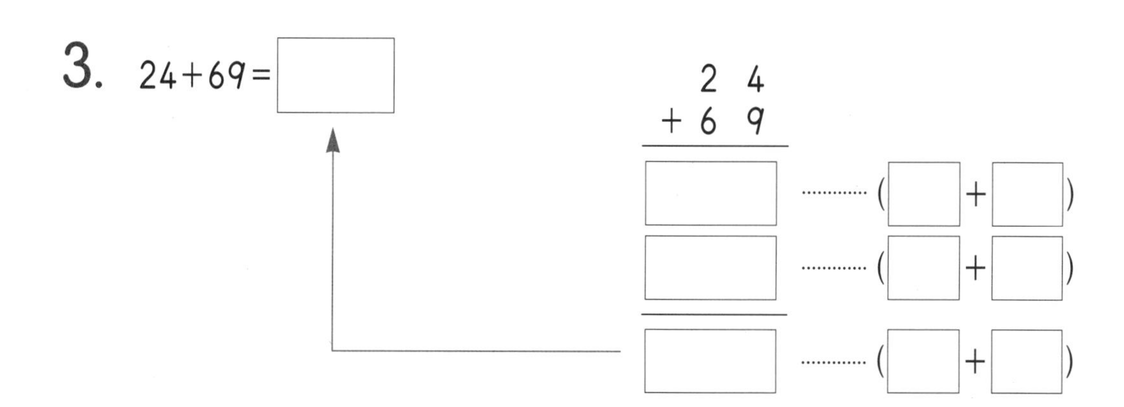

다음 □ 안에 알맞은 수를 써넣으시오.(4~9)

4.
$$\begin{array}{r} 1\ 7 \\ +\ 2\ 5 \\ \hline \square \\ \square \\ \hline \square \end{array}$$

5.
$$\begin{array}{r} 2\ 8 \\ +\ 2\ 7 \\ \hline \square \\ \square \\ \hline \square \end{array}$$

6.
$$\begin{array}{r} 3\ 5 \\ +\ 3\ 6 \\ \hline \square \\ \square \\ \hline \square \end{array}$$

7.
$$\begin{array}{r} 4\ 4 \\ +\ 4\ 8 \\ \hline \square \\ \square \\ \hline \square \end{array}$$

8.
$$\begin{array}{r} 2\ 8 \\ +\ 5\ 8 \\ \hline \square \\ \square \\ \hline \square \end{array}$$

9.
$$\begin{array}{r} 1\ 9 \\ +\ 7\ 9 \\ \hline \square \\ \square \\ \hline \square \end{array}$$

이름 :

날짜 :

시간 : 시 분 ~ 시 분

다음 □ 안에 알맞은 수를 써넣으시오.(1~6)

1.
```
   7 8
 + 2 9
 -----
   □
   □
 -----
   □
```

2.
```
   8 9
 + 3 9
 -----
   □
   □
 -----
   □
```

3.
```
   6 7
 + 4 7
 -----
   □
   □
 -----
   □
```

4.
```
   8 8
 + 8 5
 -----
   □
   □
 -----
   □
```

5.
```
   5 5
 + 5 5
 -----
   □
   □
 -----
   □
```

6.
```
   6 6
 + 6 6
 -----
   □
   □
 -----
   □
```

다음은 86+27에 대한 것입니다. (　　) 안에 알맞은 수를 써넣으시오.(7~10)

7. 낱개 모형 6개와 낱개 모형 7개를 더하면, 십 모형 (　　)개와 낱개 모형 (　　)개가 됩니다.

8. 십 모형 8개와 십 모형 (　　)개, 그리고 낱개 모형의 합에서 생긴 십 모형 1개를 더하면 십 모형은 모두 11개이므로 백 모형 (　　)개와 십 모형 (　　)개가 됩니다.

9. 그러므로 86+27은 백 모형 (　　)개, 십 모형 (　　)개, 낱개 모형 (　　)개입니다.

10. 86+27=(　　)입니다.

다음은 67+58에 대한 것입니다. □ 안에 알맞은 수를 써넣으시오.(11~13)

11. (십 모형 □개, 낱개 모형 □개)+(십 모형 □개, 낱개 모형 □개)

12. 그러므로 67+58은 십 모형 11개와 낱개 모형 □개이므로, 백 모형 □개, 십 모형 □개, 낱개 모형 □개가 됩니다.

13. 67+58=□입니다.

이름 :

날짜 :

시간 : 시 분 ~ 시 분

다음 □ 안에 알맞은 수를 써넣으시오.(1~4)

1.

```
  3 8        [1]           [1]
+   7   →    3 8     →     3 8
-----      +   7         +   7
           -----         -----
            [5]          [4][ ]
```

2.

```
  4 8        [ ]           [ ]
+ 2 3   →    4 8     →     4 8
-----      + 2 3         + 2 3
           -----         -----
            [ ]          [ ][ ]
```

3.

```
  7 6        [ ]             [ ]
+ 3 5   →    7 6     →       7 6
-----      + 3 5           + 3 5
           -----         -------
            [ ]          [ ][ ][ ]
```

4.

```
  8 5        [ ]             [ ]
+ 6 5   →    8 5     →       8 5
-----      + 6 5           + 6 5
           -----         -------
            [ ]          [ ][ ][ ]
```

5. 오늘 아침 8시 10분까지 학교에 온 학생은 78명입니다. 8시 20분까지 84명의 학생이 더 왔습니다. 오늘 아침 8시 20분까지 학교에 온 학생은 모두 몇 명입니까?

[식] [답]

6. 꽃밭에 빨간 장미꽃이 46송이 피었고, 흰 장미꽃은 빨간 장미꽃보다 8송이 더 피었습니다. 꽃밭에 핀 빨간 장미꽃과 흰 장미꽃은 모두 몇 송이입니까?

[식] [답]

7. 두 수 68과 68보다 7 큰 수의 합은 얼마입니까?

[식] [답]

이름 :

날짜 :

시간 : 시 분 ~ 시 분

다음 □ 안에 알맞은 수를 써넣으시오.(1~6)

1. 58 + 29 = □

17

70

2. 67 + 18 = □

3. 46 + 37 = □

4. 34 + 56 = □

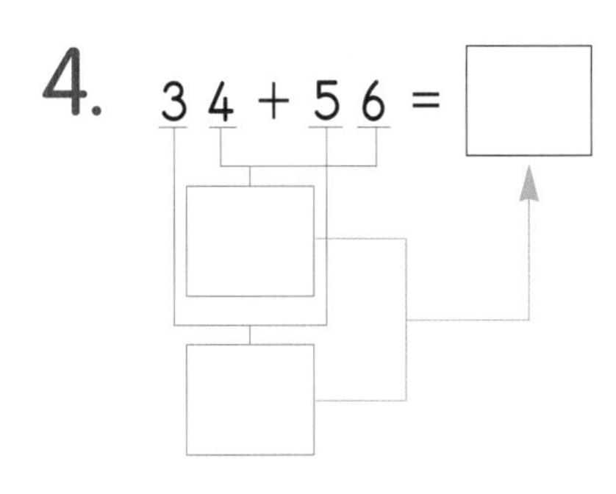

5. 89 + 29 = □

6. 57 + 75 = □

다음 계산을 하시오.(7~16)

7. 18+38=

8. 24+57=

9. 35+49=

10. 44+36=

11. 55+65=

12. 67+77=

13. 78+58=

14. 88+93=

15. 92+47=

16. 29+72=

이름 :
날짜 :
시간 : 시 분 ~ 시 분

다음 [보기]와 같이 계산을 하시오.(1~4)

보기

$6+8=6+(4+4)$
$=\boxed{10}+4$
$=14$

$6+8=(4+2)+8$
$=4+\boxed{10}$
$=14$

1. $5+9=5+(\square+4)$
$=\square+4$
$=\square$

2. $5+9=(4+\square)+9$
$=4+\square$
$=\square$

3. $35+9=35+(\square+4)$
$=\square+4$
$=\square$

4. $35+9=(34+\square)+9$
$=34+\square$
$=\square$

5. 어항에 금붕어가 27마리 있었습니다. 잠시 후에 형이 15마리를 더 사다 넣었습니다. 어항에는 금붕어가 모두 몇 마리 있습니까?

[식]　　　　　　　　　　　　[답]

6. 아버지의 연세는 36세이고, 큰아버지의 연세는 아버지보다 5세 더 많습니다. 아버지의 연세와 큰아버지의 연세를 합하면 모두 몇 세입니까?

[식]　　　　　　　　　　　　[답]

7. 주차장에 트럭은 34대 있고, 버스는 트럭보다 18대 더 많이 있습니다. 주차장에 있는 트럭과 버스는 모두 몇 대입니까?

[식]　　　　　　　　　　　　[답]

이름 :

날짜 :

시간 : 시 분 ~ 시 분

다음 □ 안에 알맞은 수를 써넣으시오.(1~3)

1. 47－35＝□

$$\begin{array}{r} 47 \\ -\ 35 \\ \hline \end{array}$$

2 ············ (7 － 5)

1 0 ············ (40 － 30)

1 2 ············ (2 ＋ 10)

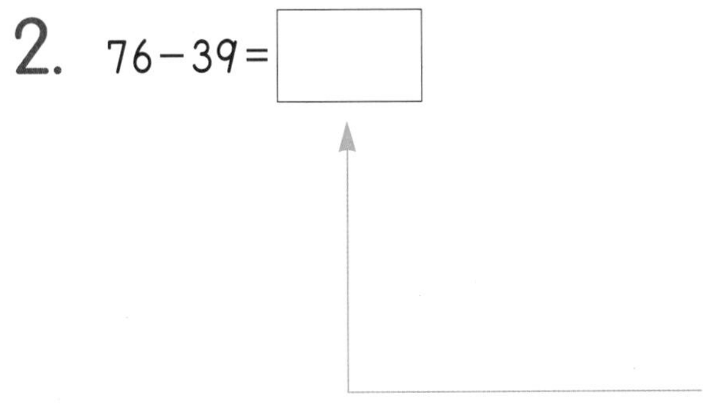

2. 76－39＝□

$$\begin{array}{r} 76 \\ -\ 39 \\ \hline \end{array}$$

□ ············ (16 － 9)

□ ············ (60 － 30)

□ ············ (□ ＋ □)

3. 54－28＝□

$$\begin{array}{r} 54 \\ -\ 28 \\ \hline \end{array}$$

□ ············ (□ － □)

□ ············ (□ － □)

□ ············ (□ ＋ □)

다음 □ 안에 알맞은 수를 써넣으시오.(4~9)

4.

$$\begin{array}{r} 32 \\ -\ \ 6 \\ \hline \square \\ \square \\ \hline \square \end{array}$$

5.

$$\begin{array}{r} 45 \\ -12 \\ \hline \square \\ \square \\ \hline \square \end{array}$$

6.

$$\begin{array}{r} 56 \\ -25 \\ \hline \square \\ \square \\ \hline \square \end{array}$$

7.

$$\begin{array}{r} 65 \\ -37 \\ \hline \square \\ \square \\ \hline \square \end{array}$$

8.

$$\begin{array}{r} 71 \\ -28 \\ \hline \square \\ \square \\ \hline \square \end{array}$$

9.

$$\begin{array}{r} 84 \\ -35 \\ \hline \square \\ \square \\ \hline \square \end{array}$$

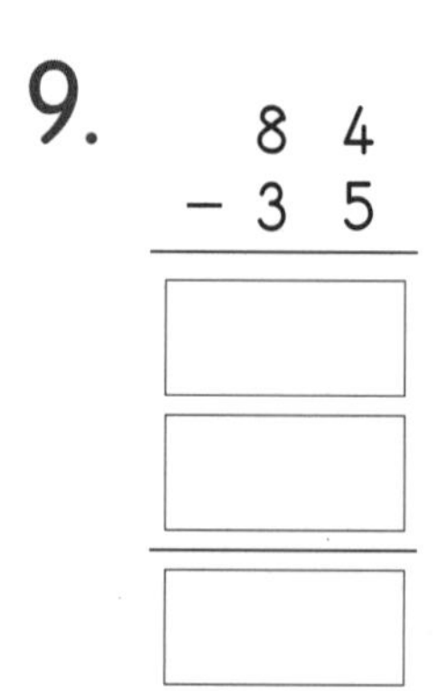

❀ 이름 :

❀ 날짜 :

❀ 시간 : 시 분 ~ 시 분

다음 □ 안에 알맞은 수를 써넣으시오.(1~8)

1.
```
  [3][10]
   4̸  5
 − 1  7
 ───────
  [ ][ ]
```

2.
```
  [ ][ ]
   7  3
 − 4  8
 ───────
  [ ][ ]
```

3.
```
  [ ][ ]
   6  6
 − 5  7
 ───────
     [ ]
```

4.
```
  [ ][ ]
   5  2
 − 3  6
 ───────
  [ ][ ]
```

5.
```
  [ ][ ]
   9  0
 − 5  2
 ───────
  [ ][ ]
```

6.
```
  [ ][ ]
   8  0
 − 2  1
 ───────
  [ ][ ]
```

7.
```
   3  7
 − 2  0
 ───────
  [ ][ ]
```

8.
```
  [ ][ ]
   5  1
 − 3  9
 ───────
  [ ][ ]
```

다음 □ 안에 알맞은 수를 써넣으시오.(9~14)

9.

$$\begin{array}{r} 4\ 5 \\ -\ 1\ 6 \\ \hline \square \\ \square \\ \hline \square \end{array}$$

10.

$$\begin{array}{r} 7\ 7 \\ -\ 2\ 9 \\ \hline \square \\ \square \\ \hline \square \end{array}$$

11.

$$\begin{array}{r} 8\ 6 \\ -\ 5\ 8 \\ \hline \square \\ \square \\ \hline \square \end{array}$$

12.

$$\begin{array}{r} 7\ 8 \\ -\ 3\ 9 \\ \hline \square \\ \square \\ \hline \square \end{array}$$

13.

$$\begin{array}{r} 6\ 2 \\ -\ 5\ 5 \\ \hline \square \\ \square \\ \hline \square \end{array}$$

14.

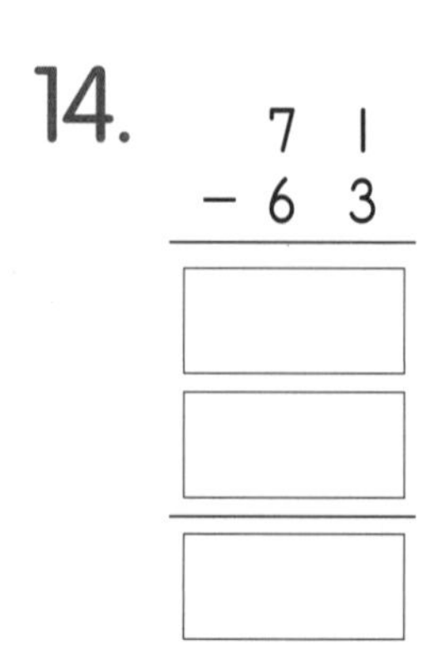

$$\begin{array}{r} 7\ 1 \\ -\ 6\ 3 \\ \hline \square \\ \square \\ \hline \square \end{array}$$

❀ 이름 :

❀ 날짜 :

❀ 시간 : 시 분 ~ 시 분

다음 □ 안에 알맞은 수를 써넣으시오.(1~4)

1. $47+26=47+\square+6$

$=\square+6$

$=\square$

4 7 + 2 6

2. $47+26=40+20+7+6$

$=\square+13$

$=\square$

4 7 + 2 6

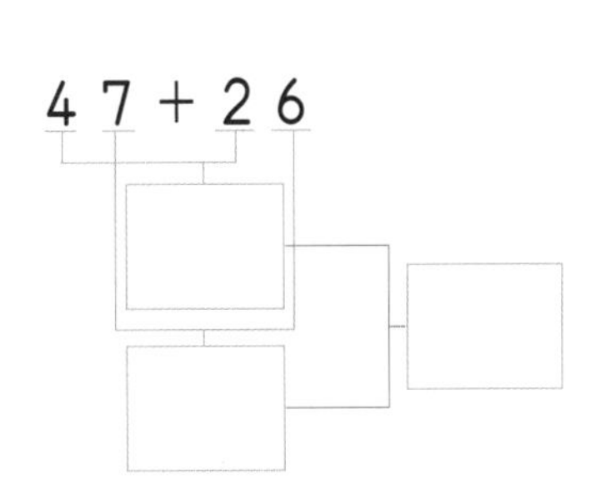

3. $82-34=82-30-4$

$=\square-4$

$=\square$

8 2 − 3 4

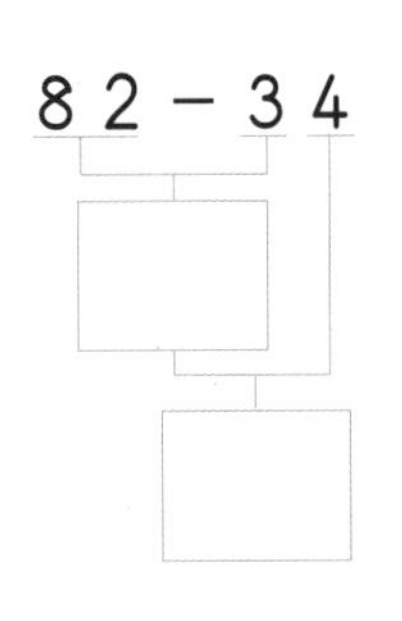

4. $82-34=82-4-30$

$=\square-30$

$=\square$

8 2 − 3 4

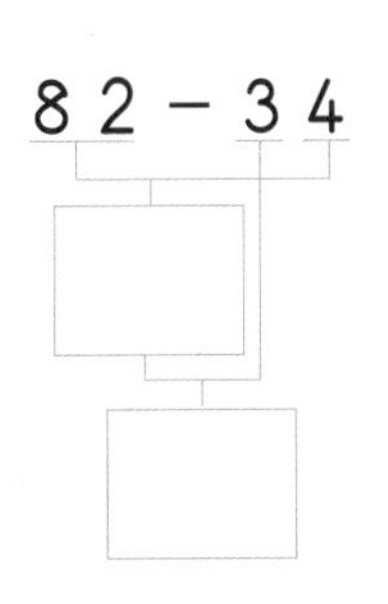

다음 계산을 하시오.(5~8)

5. $45+46=$

6. $28+45=$

7. $82-37=$

8. $94-58=$

다음 □ 안에 알맞은 수를 써넣으시오.(9~10)

9. $43-16+28=\square$

$$\begin{array}{r} 43 \\ -\ 16 \\ \hline \square \end{array} \rightarrow \begin{array}{r} \square \\ +\ 28 \\ \hline \square \end{array}$$

10. $52-24+37=\square$

$$\begin{array}{r} 52 \\ -\ 24 \\ \hline \square \end{array} \rightarrow \begin{array}{r} \square \\ +\ 37 \\ \hline \square \end{array}$$

F-69a

이름 :

날짜 :

시간 : 시 분 ~ 시 분

다음 □ 안에 알맞은 수를 써넣으시오.(1~4)

1.

$$\begin{array}{r} 54 \\ -28 \\ \hline \end{array} \rightarrow \begin{array}{r} \boxed{4}\boxed{10} \\ \not{5}\ 4 \\ -2\ 8 \\ \hline \boxed{6} \end{array} \rightarrow \begin{array}{r} \boxed{}\boxed{10} \\ 5\ 4 \\ -2\ 8 \\ \hline \boxed{2}\boxed{} \end{array}$$

2.

$$\begin{array}{r} 65 \\ -17 \\ \hline \end{array} \rightarrow \begin{array}{r} \boxed{}\boxed{10} \\ 6\ 5 \\ -1\ 7 \\ \hline \boxed{} \end{array} \rightarrow \begin{array}{r} \boxed{}\boxed{} \\ 6\ 5 \\ -1\ 7 \\ \hline \boxed{}\boxed{} \end{array}$$

3.

$$\begin{array}{r} 83 \\ -58 \\ \hline \end{array} \rightarrow \begin{array}{r} \boxed{}\boxed{10} \\ 8\ 3 \\ -5\ 8 \\ \hline \boxed{} \end{array} \rightarrow \begin{array}{r} \boxed{}\boxed{} \\ 8\ 3 \\ -5\ 8 \\ \hline \boxed{}\boxed{} \end{array}$$

4.

$$\begin{array}{r} 96 \\ -79 \\ \hline \end{array} \rightarrow \begin{array}{r} \boxed{}\boxed{10} \\ 9\ 6 \\ -7\ 9 \\ \hline \boxed{} \end{array} \rightarrow \begin{array}{r} \boxed{}\boxed{} \\ 9\ 6 \\ -7\ 9 \\ \hline \boxed{}\boxed{} \end{array}$$

다음 □ 안에 알맞은 수를 써넣으시오.(5~13)

5.
$$\begin{array}{r} 6\ 8 \\ -\ 2\ 8 \\ \hline \square \end{array}$$

6.
$$\begin{array}{r} \square\square \\ 3\ 5 \\ -\ 1\ 6 \\ \hline \square \end{array}$$

7.
$$\begin{array}{r} \square\square \\ 4\ 1 \\ -\ 1\ 3 \\ \hline \square \end{array}$$

8.
$$\begin{array}{r} 8\ 9 \\ -\ 3\ 5 \\ \hline \square \end{array}$$

9.
$$\begin{array}{r} \square\square \\ 6\ 4 \\ -\ 2\ 7 \\ \hline \square \end{array}$$

10.
$$\begin{array}{r} \square\square \\ 7\ 6 \\ -\ 2\ 8 \\ \hline \square \end{array}$$

11.
$$\begin{array}{r} 8\ 9 \\ -\ 6\ 8 \\ \hline \square \end{array}$$

12.
$$\begin{array}{r} \square\square \\ 9\ 2 \\ -\ 6\ 4 \\ \hline \square \end{array}$$

13.
$$\begin{array}{r} 5\ 5 \\ -\ 4\ 5 \\ \hline \square \end{array}$$

❀ 이름 :
❀ 날짜 :
❀ 시간 : 시 분 ~ 시 분

다음 □ 안에 알맞은 수를 써넣으시오.(1~4)

1.
$$\begin{array}{r} 54 \\ -\ 28 \\ \hline \end{array} \rightarrow \begin{array}{r} 40 + 14 \\ -)\ 20 + 8 \\ \hline \square + \square \end{array} \rightarrow \begin{array}{r} 54 \\ -\ 28 \\ \hline \square \end{array}$$

2.
$$\begin{array}{r} 78 \\ -\ 39 \\ \hline \end{array} \rightarrow \begin{array}{r} 60 + 18 \\ -)\ 30 + 9 \\ \hline \square + \square \end{array} \rightarrow \begin{array}{r} 78 \\ -\ 39 \\ \hline \square \end{array}$$

3.
$$\begin{array}{r} 63 \\ -\ 45 \\ \hline \end{array} \rightarrow \begin{array}{r} 50 + 13 \\ -)\ 40 + 5 \\ \hline \square + \square \end{array} \rightarrow \begin{array}{r} 63 \\ -\ 45 \\ \hline \square \end{array}$$

4.
$$\begin{array}{r} 82 \\ -\ 18 \\ \hline \end{array} \rightarrow \begin{array}{r} 70 + 12 \\ -)\ 10 + 8 \\ \hline \square + \square \end{array} \rightarrow \begin{array}{r} 82 \\ -\ 18 \\ \hline \square \end{array}$$

5. 버스에 47명이 타고 있었습니다. 시청 앞에서 28명이 내리고, 19명이 더 탔습니다. 지금 버스에는 몇 명이 타고 있습니까?

[식] [답]

6. 예솔이네 반 어린이들은 식목일에 나무를 심었습니다. 소나무 38그루, 잣나무 27그루, 낙엽송 76그루를 심었습니다. 심은 나무는 모두 몇 그루입니까?

[식] [답]

7. 줄넘기를 하였습니다. 형은 64회 넘었고, 동생은 형보다 36회 더 적게 넘었고, 나는 동생보다 17회 더 많이 넘었습니다. 세 사람이 넘은 줄넘기 횟수를 합하면 모두 몇 회입니까?

[답]

❀ 이름 :

❀ 날짜 :

❀ 시간 : 시 분 ~ 시 분

다음 그림을 보고 □ 안에 알맞은 수를 써넣으시오.(1~4)

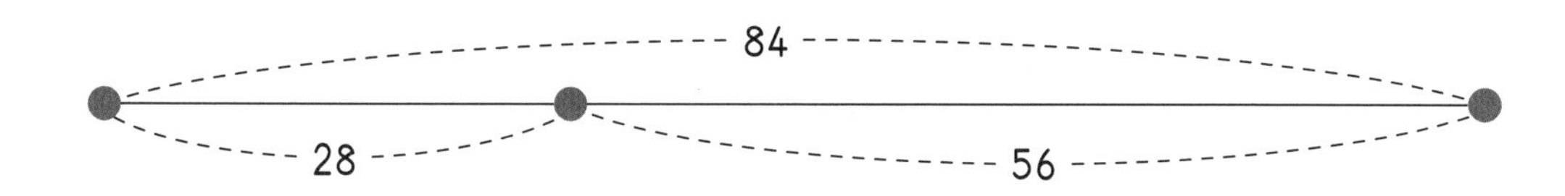

1. 28+56= □

2. 56+ □ =84

3. 84− □ =56

4. 84− □ =28

다음 빈 곳에 알맞은 수를 써넣으시오.(5~8)

5. (+)

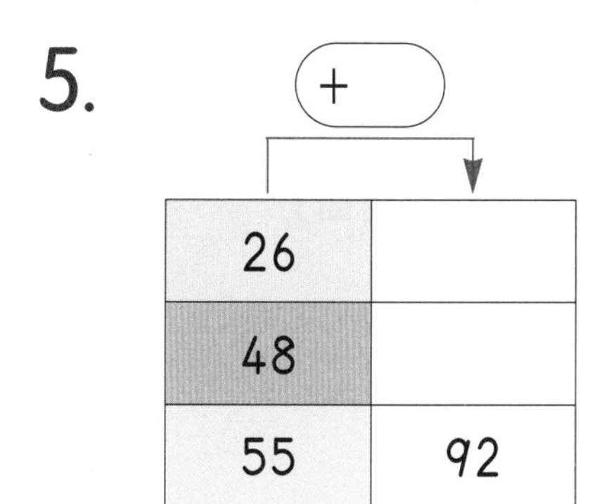

26	
48	
55	92

6. (+56)

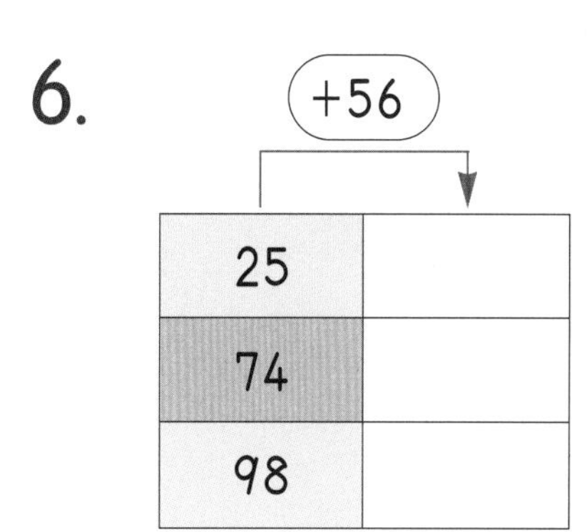

25	
74	
98	

7. (−)

52	
74	
85	57

8. (−36)

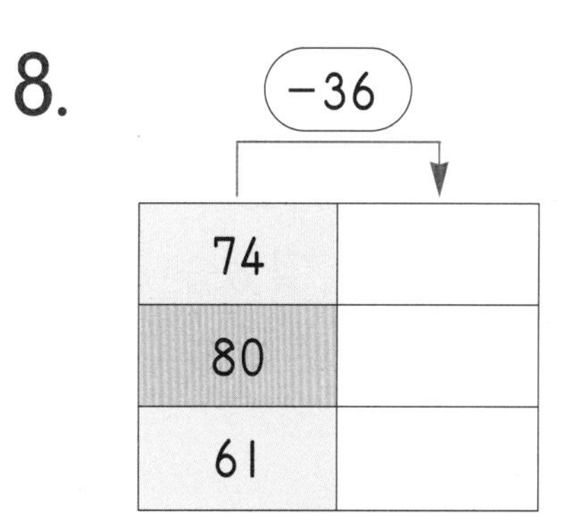

74	
80	
61	

9. 보라는 노란 색종이 45장과 빨간 색종이 47장을 가지고 있었습니다. 그중에서 미술 시간에 15장을 사용하고, 친구에게 15장을 주었습니다. 색종이는 몇 장 남았습니까?

[식] [답]

10. 주차장에 자동차가 88대 있습니다. 잠시 후에 19대가 빠져 나가고 43대가 더 들어왔습니다. 주차장에 있는 자동차는 몇 대입니까?

[식] [답]

11. 집에서 학교까지 가는 데 형은 72걸음 걸었고, 동생은 형보다 25걸음 더 많이 걸었습니다. 집에서 학교까지 가는 데 형과 동생이 걸은 걸음을 더하면 모두 몇 걸음입니까?

[식] [답]

이름 :
날짜 :
시간 : 시 분 ~ 시 분

다음 □ 안에 알맞은 수를 써넣으시오.(1~6)

1. $24+53+88=\square$

77

2. $45+28+62=\square$

90

3. $58+27+89=\square$

4. $43+29+70=\square$

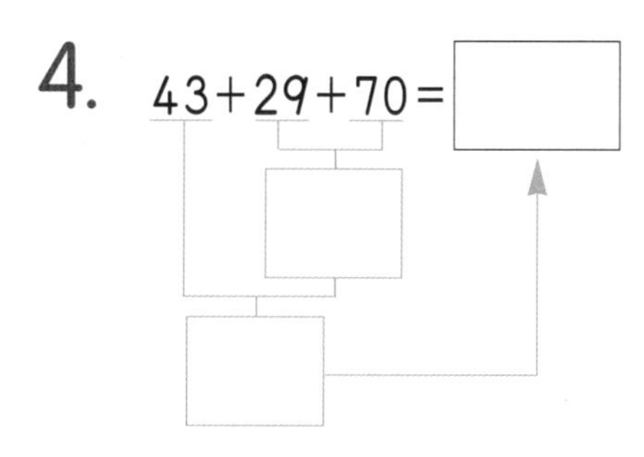

5. $65-25-15=\square$

6. $96-68+38=\square$

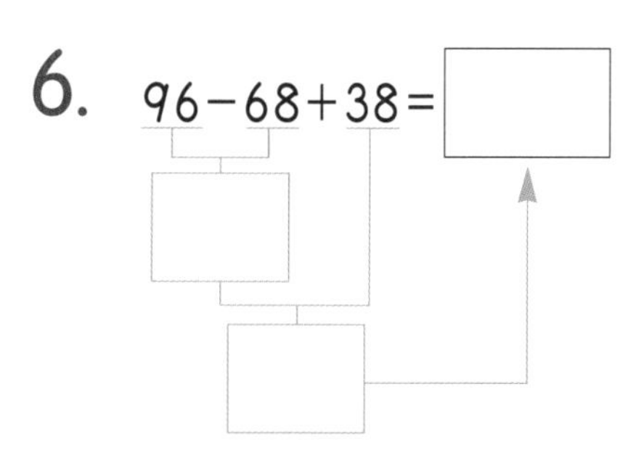

7. 합이 100이 되도록 세 수를 고르시오.

36, 27, 46, 57, 18

[답]

8. 합이 142가 되도록 세 수를 고르시오.

27, 46, 37, 65, 78

[답]

9. 다음 빈 곳에 알맞은 수를 써넣으시오.

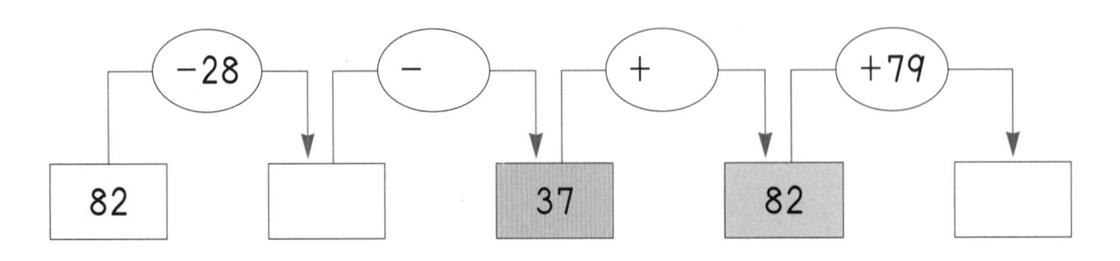

이름 :
날짜 :
시간 : 시 분~ 시 분

창의력 학습

연못에서 개구리 한 마리가 즐겁게 노래하고 있습니다. 개구리의 몸에 적혀 있는 34－16을 계산해 보고, 연꽃 위의 문제를 풀어서 답이 같지 않은 것을 찾아 ○표 하시오.

인수와 민희는 밤 22개를 구해서 도착점으로 빨리 가는 사람이 이기는 게임을 했습니다. 인수와 민희가 어느 나무에서 밤을 따야 22개가 되는지 알맞은 나무를 찾아보시오.(단, 뱀이 있는 길로는 갈 수 없고, 2그루의 나무에서만 밤을 딸 수 있습니다.)

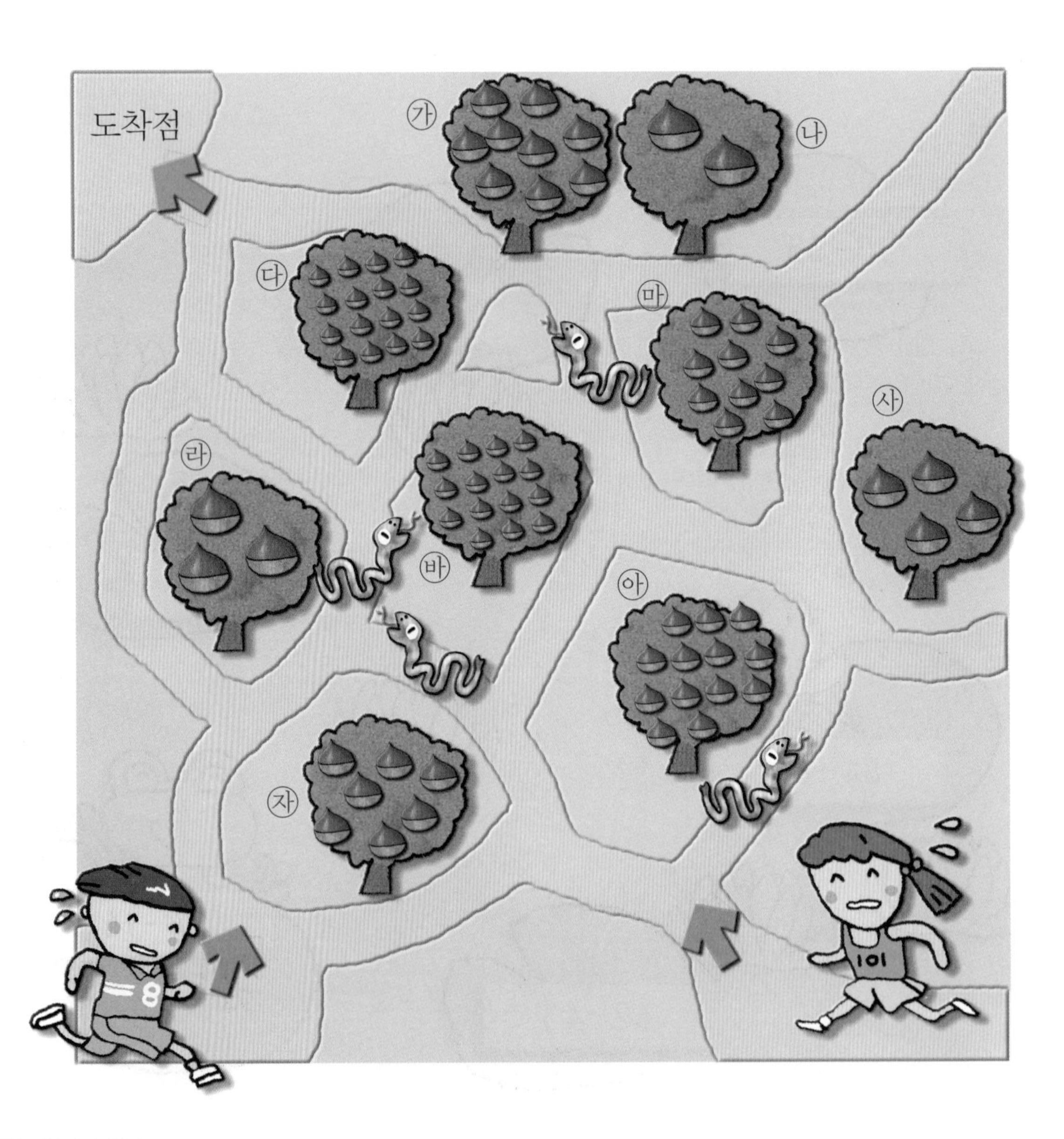

◆ 이름 :

◆ 날짜 :

◆ 시간 : 시 분 ~ 시 분

1. 다음 □ 안에 알맞은 수를 써넣으시오.

(1) $\begin{array}{r} \boxed{1} \\ 1\ 4 \\ 2\ 2 \\ +\ 5\ 6 \\ \hline \boxed{} \end{array}$

(2) $\begin{array}{r} \boxed{} \\ 3\ 3 \\ 5\ 2 \\ +\ 1\ 7 \\ \hline \boxed{} \end{array}$

(3) $\begin{array}{r} \boxed{} \\ 1\ 5 \\ 4\ 2 \\ +\ 5\ 9 \\ \hline \boxed{} \end{array}$

(4) $\begin{array}{r} \boxed{} \\ 4\ 5 \\ 1\ 8 \\ +\ 6\ 6 \\ \hline \boxed{} \end{array}$

(5) $\begin{array}{r} \boxed{} \\ 5\ 8 \\ 2\ 4 \\ +\ 7\ 5 \\ \hline \boxed{} \end{array}$

(6) $\begin{array}{r} \boxed{} \\ 8\ 7 \\ 1\ 8 \\ +\ 4\ 4 \\ \hline \boxed{} \end{array}$

(7) $\begin{array}{r} \boxed{} \\ 6\ 5 \\ 7\ 8 \\ +\ 2\ 9 \\ \hline \boxed{} \end{array}$

(8) $\begin{array}{r} \boxed{} \\ 4\ 6 \\ 5\ 8 \\ +\ 7\ 7 \\ \hline \boxed{} \end{array}$

(9) $\begin{array}{r} \boxed{} \\ 9\ 4 \\ 4\ 8 \\ +\ 3\ 9 \\ \hline \boxed{} \end{array}$

2. 다음 빈 곳에 두 수의 차를 써넣으시오.

(1)

72	15

(2)

26	72

(3)
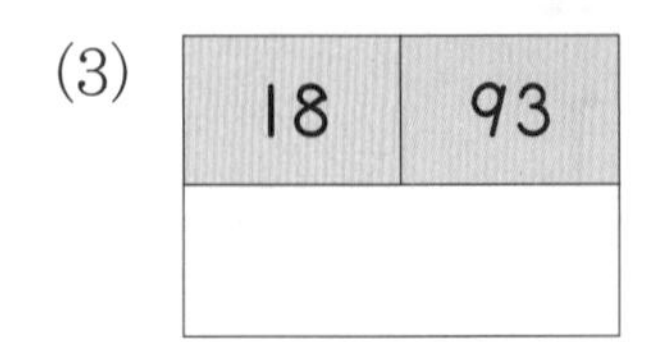

18	93

3. 다음 빈 곳에 두 수의 합을 써넣으시오.

(1)
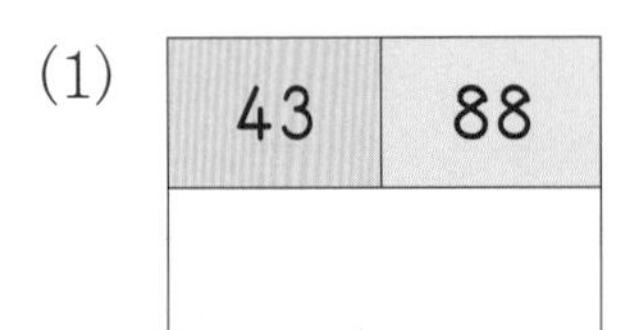

43	88

(2)
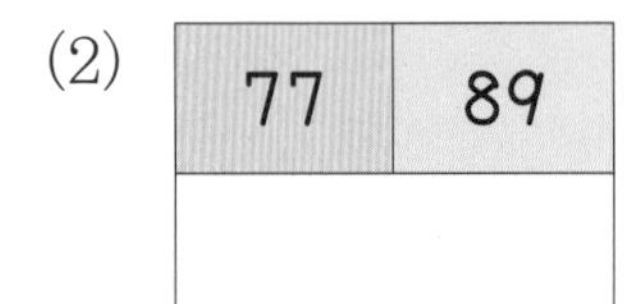

77	89

(3)
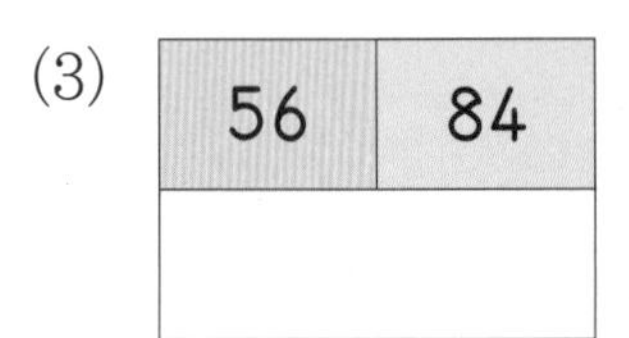

56	84

4. 다음 두 수의 크기를 비교하여 >, <를 알맞게 써넣으시오.

(1) 87+28 ◯ 29+85　　(2) 94−28 ◯ 81−19

5. 다음 □ 안에 알맞은 수를 써넣으시오.

(1)
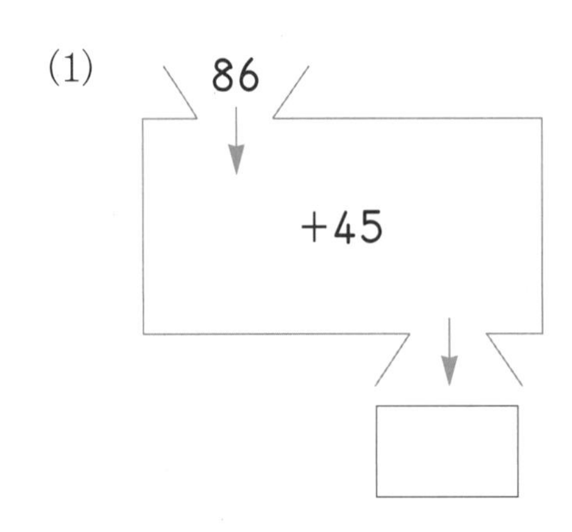

(2)
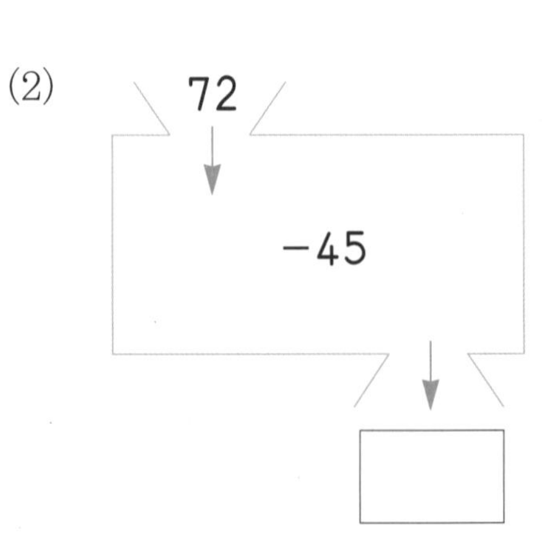

🌸 이름 :

🌸 날짜 :

🌸 시간 : 시 분 ~ 시 분

6. 다음 □ 안에 알맞은 수를 써넣으시오.

(1) 46+58

=(40+6)+(□+8)

=(□+50)+(6+□)

=90+□

=□

(2) 75−29

=(60+15)−(20+□)

=(60−□)+(15−□)

=40+□

=□

7. 다음 □ 안에 알맞은 수를 써넣으시오.

36+48=□ → 84−48=□, 84−36=□

8. 다음 □ 안에 알맞은 수를 써넣으시오.

(1)

```
   3 □
 + □ 7
 ------
 1 2 5
```

(2)

```
   9 2
 − □ 7
 ------
   1 □
```

9. 다음 □ 안에 알맞은 수를 써넣으시오.

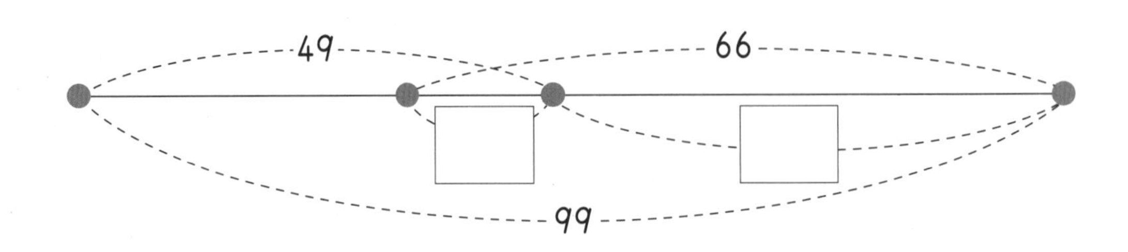

10. 오리와 강아지가 모두 23마리 있습니다. 그중에서 오리는 강아지보다 5마리 더 많습니다. 오리는 몇 마리입니까?

[답]

11. 다음 □ 안에 들어갈 수 있는 수 중에서 가장 큰 수를 쓰시오.

$$24 < 34 - \square$$

[답]

12. 색종이를 언니는 25장, 동생은 19장 가지고 있습니다. 두 사람이 가지고 있는 색종이의 수를 같게 하려면, 언니가 동생에게 색종이를 몇 장 주어야 합니까?

[답]

사고력도 탄탄! 창의력도 탄탄!

기탄사고력수학

F76a ~ F90b

학습 관리표

학습 내용		이번 주는?
길이 재기	· 길이 비교하기 · 단위길이의 비교 · 길이의 단위(cm) 알기 · 길이 재기 · 길이 어림하기 · 창의력 학습 · 경시 대회 예상 문제	• 학습 방법 : ① 매일매일 ② 가끔 ③ 한꺼번에 하였습니다. • 학습 태도 : ① 스스로 잘 ② 시켜서 억지로 하였습니다. • 학습 흥미 : ① 재미있게 ② 싫증내며 하였습니다. • 교재 내용 : ① 적합하다고 ② 어렵다고 ③ 쉽다고 하였습니다.

지도 교사가 부모님께	부모님이 지도 교사께

평가	Ⓐ 아주 잘함	Ⓑ 잘함	Ⓒ 보통	Ⓓ 부족함

원(교) 반 이름 전화

기초부터 탄탄하게 기탄교육
www.gitan.co.kr / (02)586-1007(대)

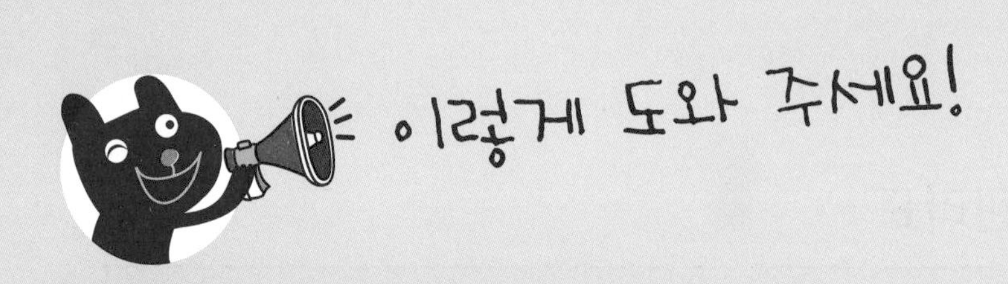

● **학습 목표**

- 길이를 비교할 수 있다.
- 단위길이를 이용하여 길이를 비교할 수 있다.
- 길이의 단위(cm)를 안다.
- 자를 이용하여 길이를 잴 수 있다.
- 길이를 어림하고 잴 수 있다.

● **지도 내용**

- 여러 가지 물건을 이용해서 길이를 비교해 보도록 한다.
- 단위길이를 이용하여 길이를 비교할 수 있도록 한다.
- 자를 이용해서 길이의 단위인 cm의 개념을 알도록 한다.
- 여러 가지 물건의 길이를 어림해 보고 직접 재어 봄으로써 길이에 대한 감각을 기르도록 한다.

● **지도 요점**

주변에서 볼 수 있는 끈, 책, 연필 등을 이용하여 길이를 재어 보고 비교해 보도록 합니다. 길이를 잴 때는 먼저 눈짐작으로 재어 보도록 하고, 그런 다음에 자를 이용하거나 단위길이를 이용하여 길이를 재어 보고 비교하도록 합니다.

1 cm의 개념을 학습할 때에는 눈금이 선명하게 잘 보이는 큰 자를 이용하는 것이 좋습니다.

길이 재기를 학습한 후에는 삼각형이나 사각형의 변의 길이를 재어 보는 활동이나, 생활 속에서 일어날 수 있는 상황에서 길이 재기를 응용해 보도록 합니다.

이름 :

날짜 :

시간 : 시 분 ~ 시 분

알맞은 말을 [보기]에서 골라 ( ) 안에 써넣으시오.(1~3)

보 기	길다, 짧다, 높다, 낮다, 두껍다, 얇다

1. (1) ( )

(2) ( )

2. (1)

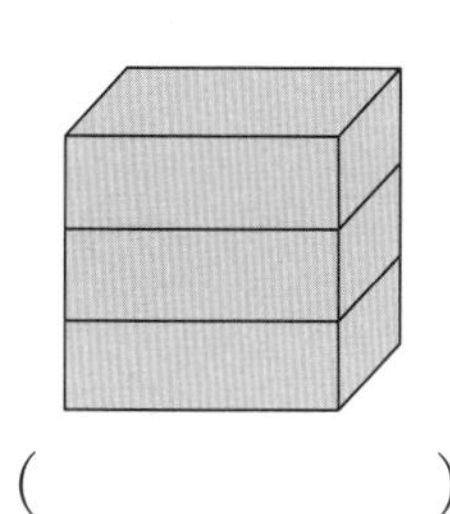

( )

(2)

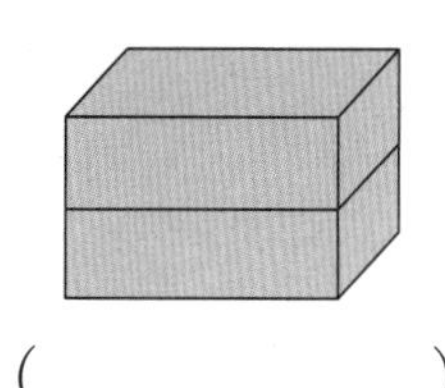

( )

3. (1)

( )

(2)

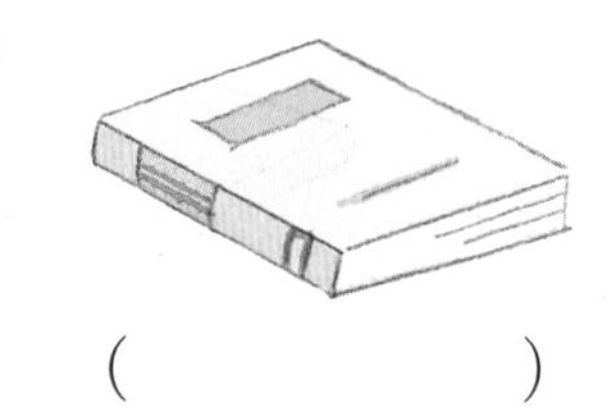

( )

4. 더 긴 쪽에 ○표 하시오.

㉠ (　　)

㉡ (　　)

5. 가장 짧은 쪽에 △표 하시오.

㉠ (　　)

㉡ (　　)

㉢ (　　)

6. 더 높은 쪽에 ○표 하시오.

㉠

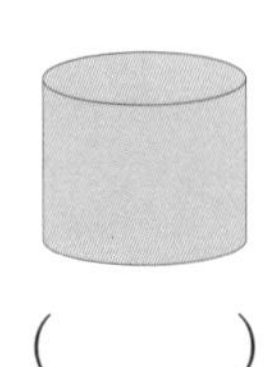

(　　)

㉡

(　　)

7. 더 얇은 쪽에 △표 하시오.

㉠

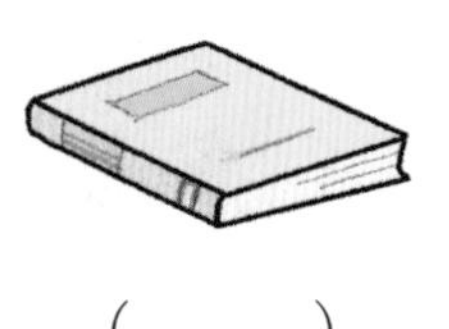

(　　)

㉡

(　　)

❀ 이름 :

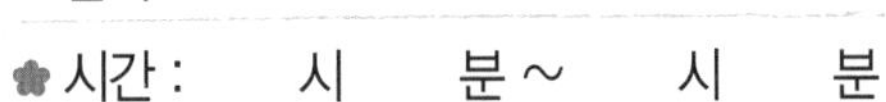

❀ 날짜 :

❀ 시간 : 시 분 ~ 시 분

다음 길이를 비교하여 더 긴 쪽에 ○표 하시오.(1~2)

1.

㉠ ( )

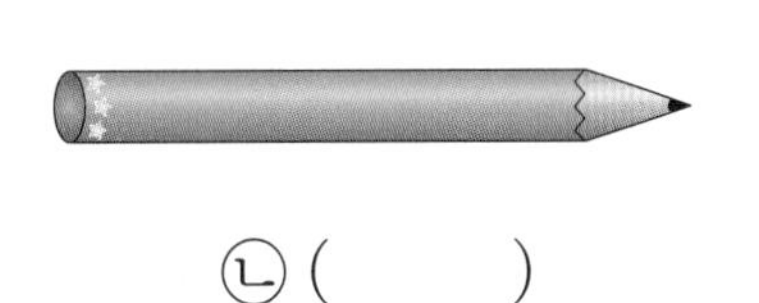

㉡ ( )

2.

㉠ ( )

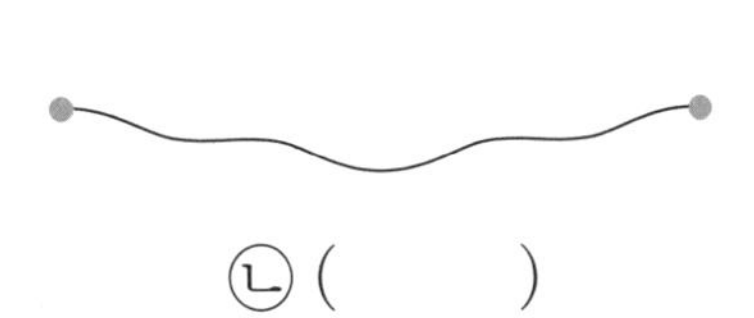

㉡ ( )

다음 그림에서 더 긴 쪽에 ○표 하시오.(3~4)

3.

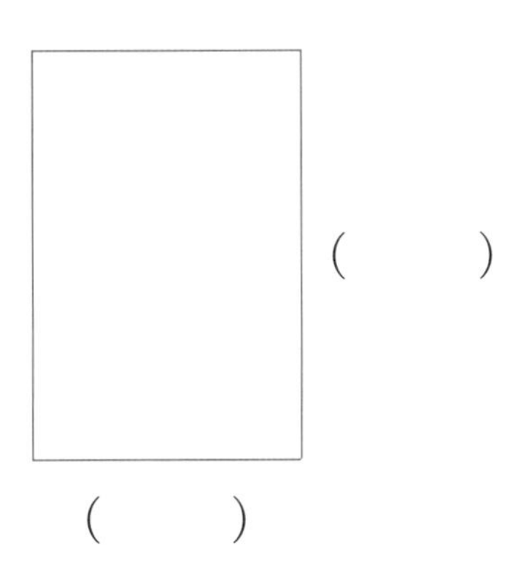

( )

( )

4.

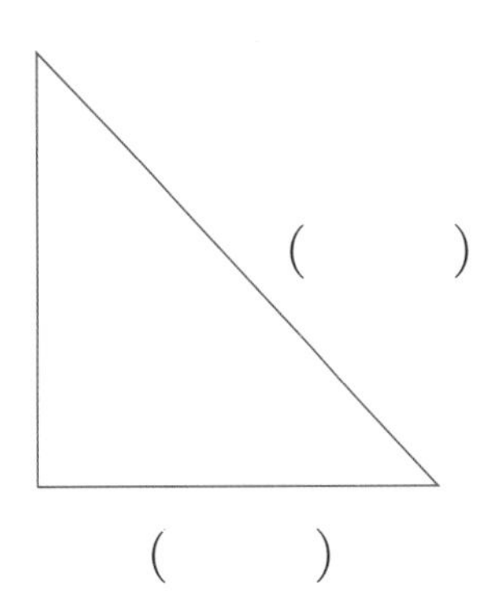

( )

( )

5. 스케치북의 짧은 쪽과 수학 교과서의 짧은 쪽의 길이를 맞대어 보면 어느 것이 더 깁니까?

[답]

6. 의자의 높이와 장롱의 높이를 비교해 보면 어느 것이 더 낮습니까?

[답]

7. 색연필로 여러분의 방에 있는 책상의 높이와 의자의 높이를 재어 보시오. 어느 것이 더 높습니까?(각자 해 보시오.)

8. 양팔로 여러분 방의 가로와 세로의 길이를 재어 보시오. 어느 쪽이 더 짧습니까?(각자 해 보시오.)

다음 그림을 보고 물음에 기호로 답하시오.(1~2)

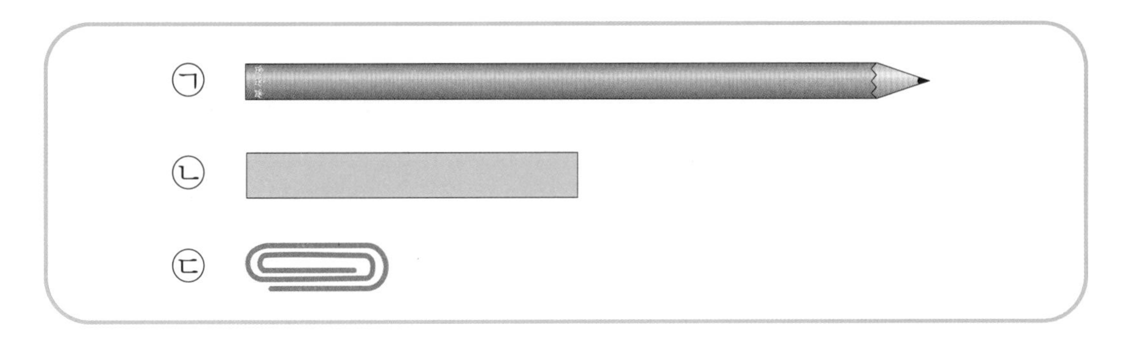

1. 가장 긴 것은 어느 것입니까? [답]

2. 가장 짧은 것은 어느 것입니까? [답]

다음 물건들의 길이는 클립 몇 개의 길이와 같은지 쓰시오.(3~5)

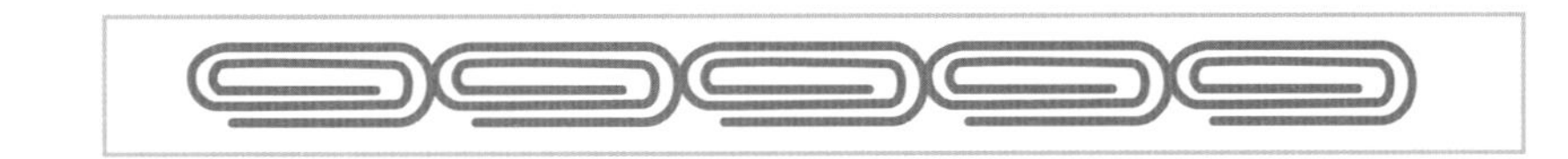

3. ( )

4. ( )

5. ( )

다음 그림을 보고 물음에 답하시오.(6~10)

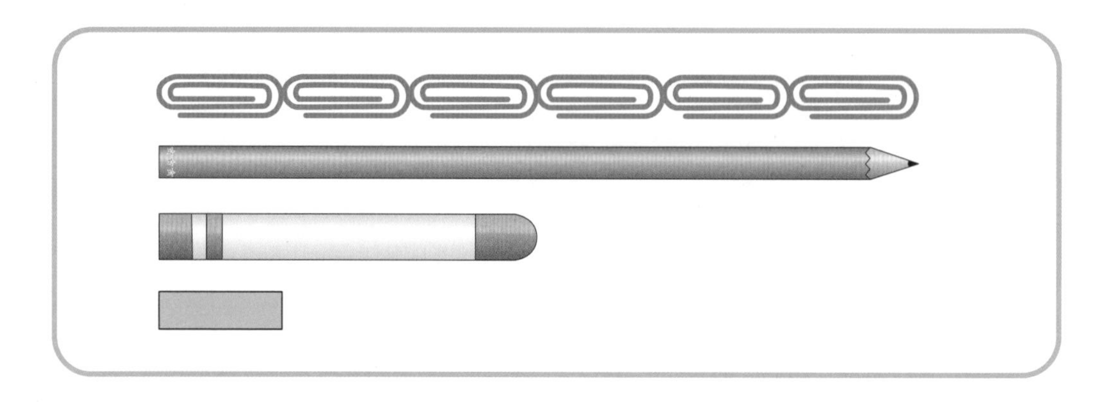

6. 연필, 크레파스, 색 테이프 중에서 가장 긴 것은 어느 것입니까?

[답]

7. 연필, 크레파스, 색 테이프 중에서 가장 짧은 것은 어느 것입니까?

[답]

8. 연필은 크레파스보다 클립 몇 개만큼 더 깁니까?

[답]

9. 크레파스는 클립 몇 개의 길이와 같습니까?

[답]

10. 색 테이프는 클립 몇 개의 길이와 같습니까?

[답]

이름 :

날짜 :

시간 : 시 분 ~ 시 분

◆ **단위길이**

뼘의 길이와 같이 어떤 길이를 재는 데 기준이 되는 길이를 단위길이라고 합니다.

(단위길이)

단위길이의 3배

단위길이의 4배

1. 연필의 길이는 단위길이의 몇 배입니까? [답]

◆ **단위길이가 서로 다를 때**

단위길이의 8배

단위길이 ㉮

단위길이의 4배

단위길이 ㉯

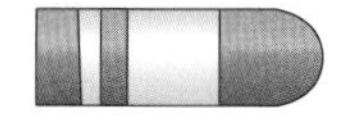

2. 크레파스의 길이는 단위길이 ㉮의 몇 배입니까? [답]

3. 크레파스의 길이는 단위길이 ㉯의 몇 배입니까? [답]

다음 그림을 보고 물음에 답하시오.(4~9)

단위길이 ㉮

단위길이 ㉯

단위길이 ㉰

4. 연필의 길이는 단위길이 ㉮의 몇 배입니까? [답]

5. 연필의 길이는 단위길이 ㉯의 몇 배입니까? [답]

6. 연필의 길이는 단위길이 ㉰의 몇 배입니까? [답]

7. 단위길이가 가장 긴 것은 어느 것입니까? [답]

8. 단위길이가 가장 짧은 것은 어느 것입니까? [답]

9. 연필의 길이는 어느 단위길이로 재어 나타낸 수가 가장 큽니까?

[답]

이름 :

날짜 :

시간 : 시 분 ~ 시 분

확인

다음은 단위길이의 몇 배인지 쓰시오.(1~6)

1. 단위길이

( )

2. 단위길이

( )

3. 단위길이

( )

4. 단위길이

( )

5. 단위길이

( )

6. 단위길이

( )

다음 선분은 단위길이의 몇 배인지 쓰시오.(7~8)

7. ├──┤ 단위길이

(1) ├──────────┤ (　　　　)

(2) ├─────┤ (　　　　)

(3) ├─────────────┤ (　　　　)

8. ├───┤ 단위길이

(1) ├──────────┤ (　　　　)

(2) ├──────────────┤ (　　　　)

(3) ├───────┤ (　　　　)

9. 같은 물건의 길이를 잴 때, 재어 나타낸 수가 클수록 단위길이는 짧습니다. 그렇다면 재어 나타낸 수가 작을수록 단위길이는 짧습니까? 깁니까?

[답]

이름 :

날짜 :

시간 : 시 분 ~ 시 분

다음 그림을 보고 물음에 답하시오.(1~4)

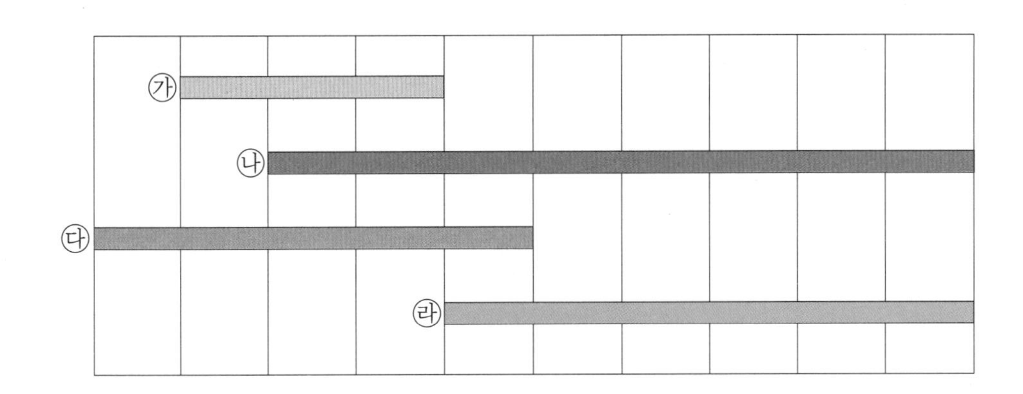

1. 가장 긴 것은 어느 것입니까?

[답]

2. 가장 짧은 것은 어느 것입니까?

[답]

3. ㉰의 길이가 ㉯의 길이와 같아지려면, 몇 칸 더 길어야 합니까?

[답]

4. ㉮와 ㉯의 길이의 차와 같은 것은 어느 것입니까?

[답]

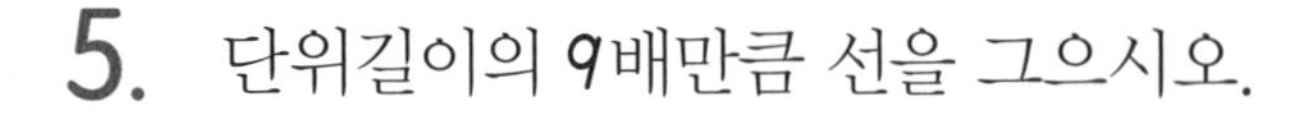

5. 단위길이의 9배만큼 선을 그으시오.

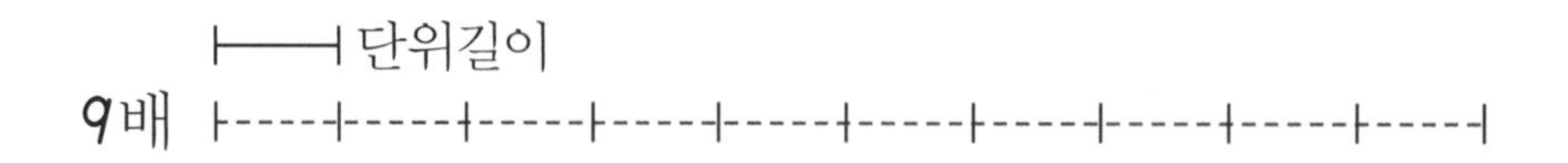

6. 단위길이의 6배만큼 선을 그으시오.

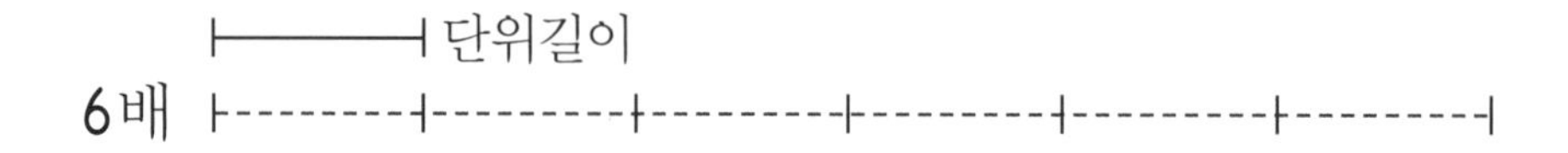

7. 단위길이의 2배만큼 선을 그으시오.

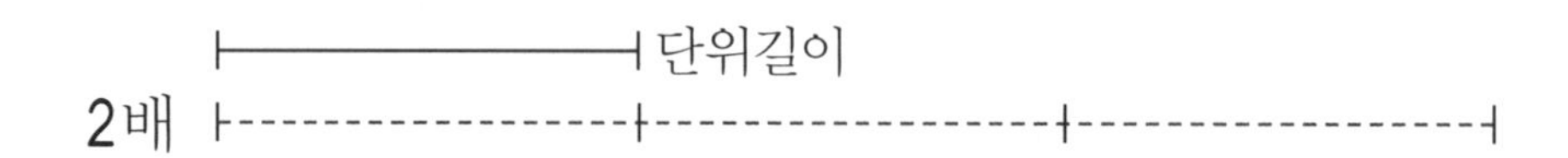

8. 단위길이의 3배만큼 선을 그으시오.

단위길이

3배

9. 단위길이의 4배만큼 선을 그으시오.

단위길이

4배

이름 :

날짜 :

시간 : 시 분 ~ 시 분

◆ 길이의 단위

물건의 길이를 잴 때, 뼘, 클립, 지우개, 연필 등을 사용할 수 있지만, 단위길이가 다르므로 정확한 길이를 비교하는데 불편합니다. 그래서 세계 여러 나라에서 같이 쓸 수 있도록 정한 것이 '센티미터'입니다.

- 길이를 잴 때에는 자를 사용하면 편리합니다.
- 자에서 큰 눈금 한 칸의 길이는 모두 같습니다. 이 길이를 1 cm라 쓰고, 1 센티미터라고 읽습니다.

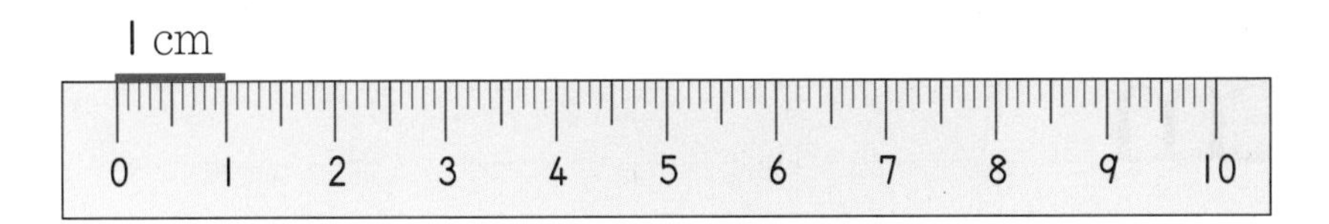

◆ 자로 길이 재기

① 자와 재려고 하는 선분을 나란히 놓습니다.
② 선분의 한 끝점에 자의 0의 눈금을 맞춥니다.
③ 다른 끝점의 눈금을 읽습니다.

자를 보고 다음 물음에 답하시오.(1~5)

1. 자에서 큰 눈금 한 칸의 길이는 얼마인지 쓰시오.

[답]

2. 1 cm를 바르게 써 보시오.

1 cm

3. 자에서 큰 눈금 2칸의 길이는 몇 cm입니까? [답]

4. 자에서 큰 눈금 5칸의 길이는 몇 cm입니까? [답]

5. 자에서 큰 눈금 10칸의 길이는 몇 cm입니까? [답]

이름 :
날짜 :
시간 : 시 분 ~ 시 분

1. 다음을 바르게 써 보시오.

cm

2 cm

10 cm

다음 연필의 길이는 1 cm의 몇 배인지 쓰시오.(2~4)

2.
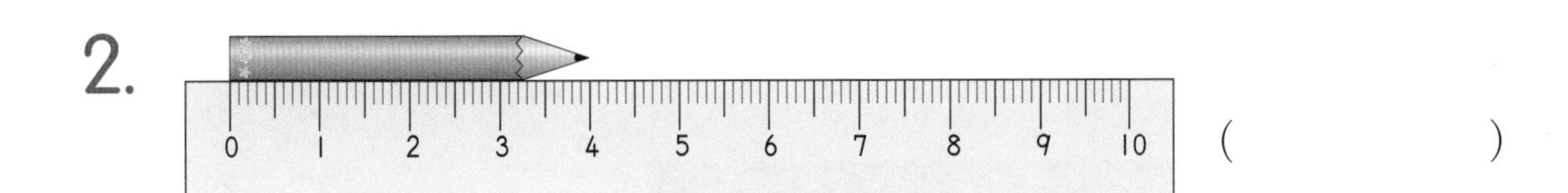

( )

3.
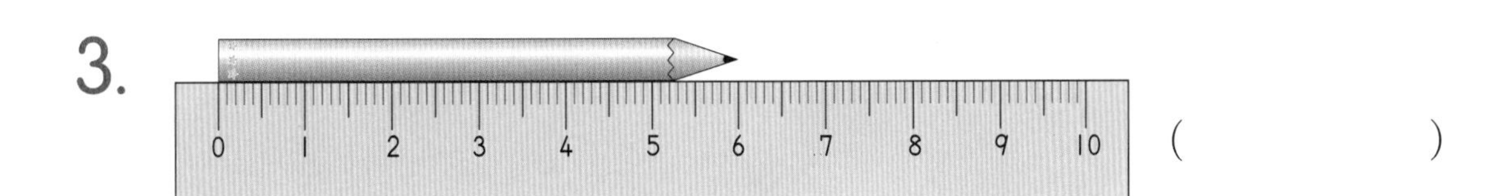

( )

4.
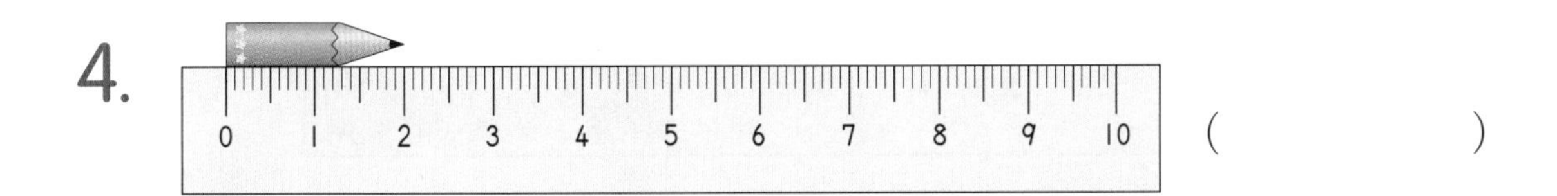

( )

다음 색 테이프의 길이를 알아보시오.(5~8)

5.

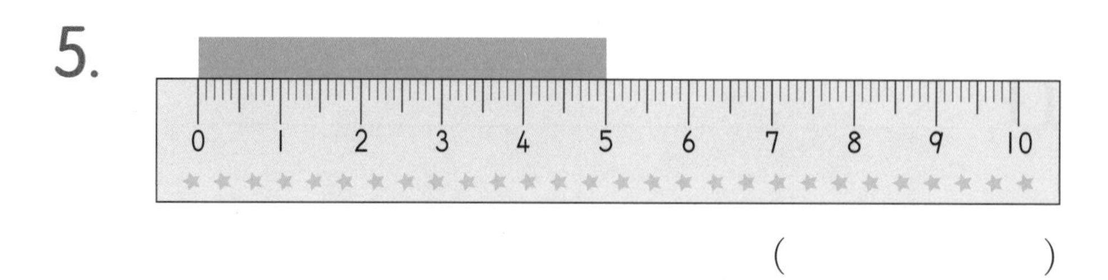

(　　　　　　　　)

6.

(　　　　　　　　)

7.

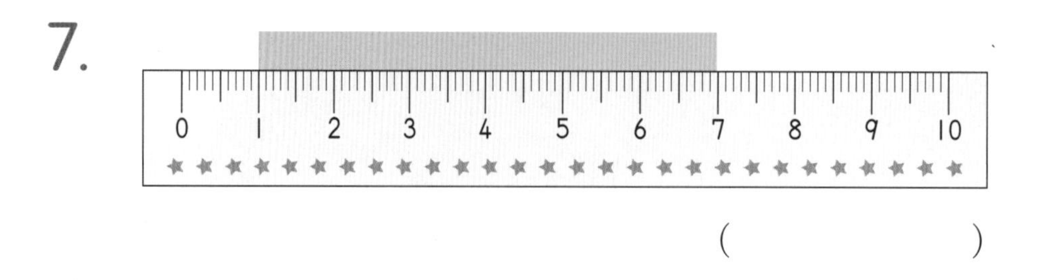

(　　　　　　　　)

8.

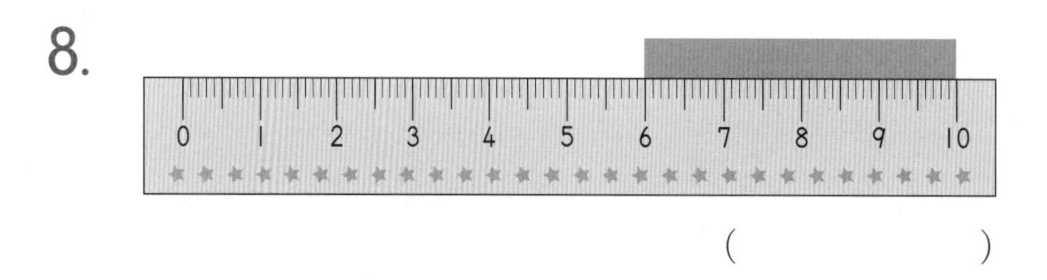

(　　　　　　　　)

이름 :
날짜 :
시간 : 시 분 ~ 시 분

확인

다음 색 테이프의 길이를 어림하고 자로 재어 보시오.(1~4)

1.
(1) 어림한 길이 (예) 4 cm쯤)
(2) 자로 잰 길이 ( )

2.
(1) 어림한 길이 ( )
(2) 자로 잰 길이 ( )

3.
(1) 어림한 길이 ( )
(2) 자로 잰 길이 ( )

4.
(1) 어림한 길이 ( )
(2) 자로 잰 길이 ( )

다음 길이만큼 어림하여 선을 그어 보고, 자로 실제의 길이를 그어 비교해 보시오.(5~8)

5. 5 cm
- 어림한 길이 :
- 실제의 길이 :

6. 3 cm
- 어림한 길이 :
- 실제의 길이 :

7. 9 cm
- 어림한 길이 :
- 실제의 길이 :

8. 6 cm
- 어림한 길이 :
- 실제의 길이 :

* 이름 :
* 날짜 :
* 시간 : 시 분 ~ 시 분

다음 □ 안에 알맞은 수를 써넣으시오.(1~8)

1.

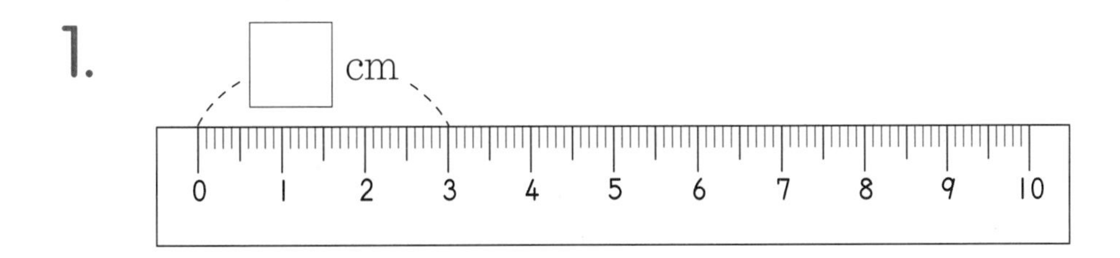

2.

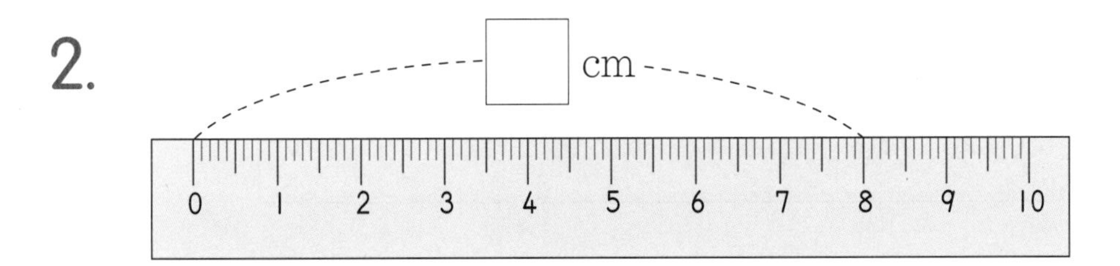

3.

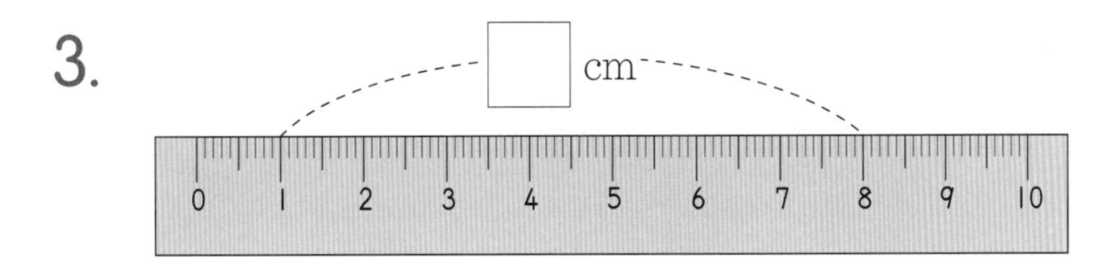

4.

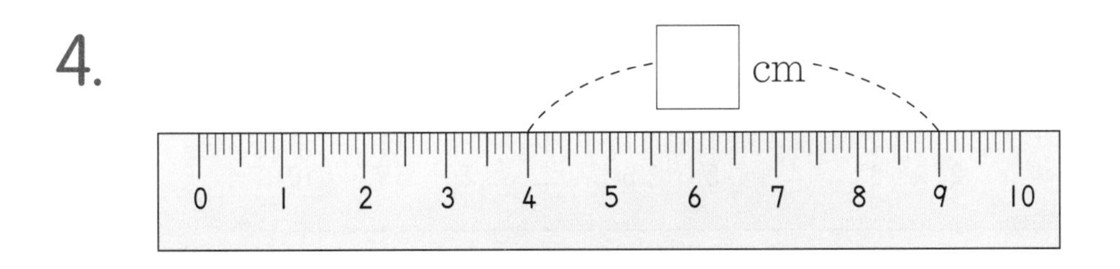

5.

cm

3 cm 2 cm

0 1 2 3 4 5 6 7 8 9 10

6.

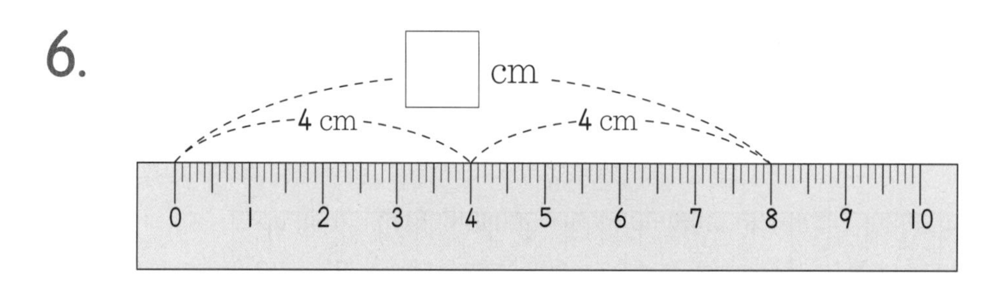

7.

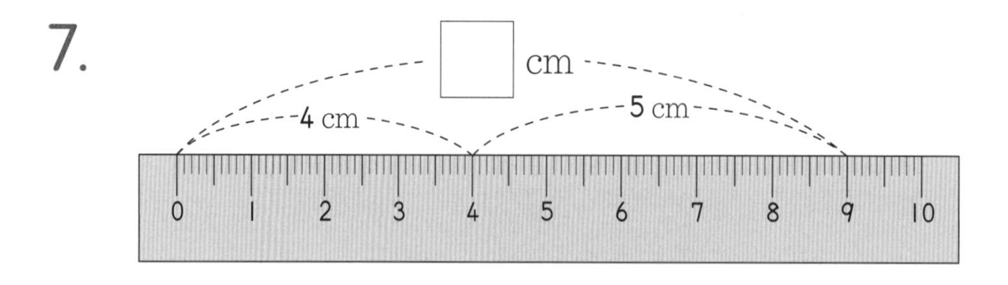

8.

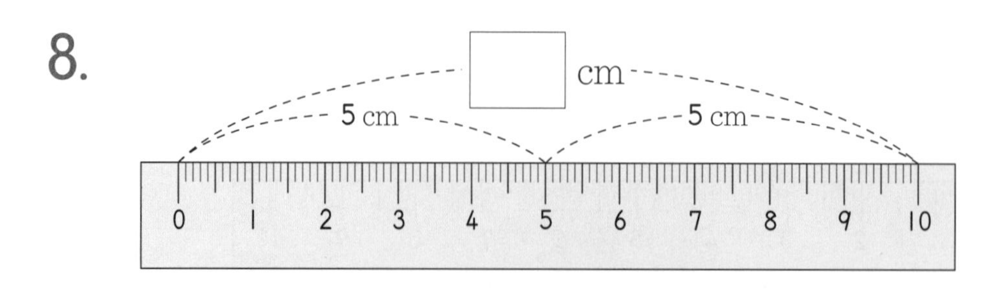

이름 :

날짜 :

시간 : 시 분 ~ 시 분

확인

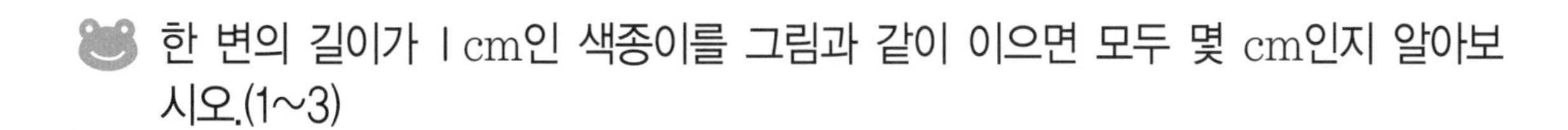

한 변의 길이가 1 cm인 색종이를 그림과 같이 이으면 모두 몇 cm인지 알아보시오.(1~3)

1.

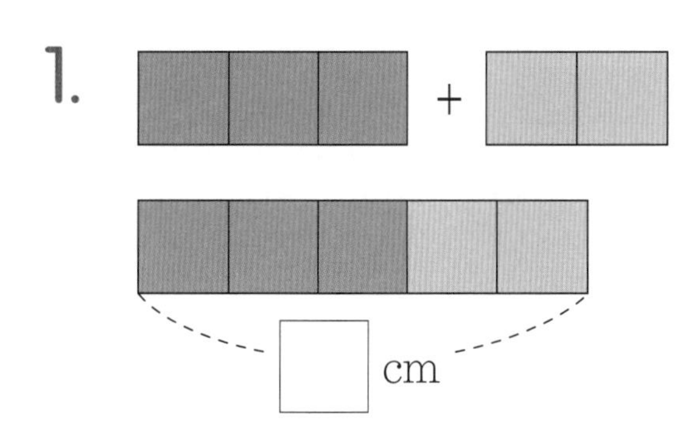

3 cm+2 cm=☐ cm

2.

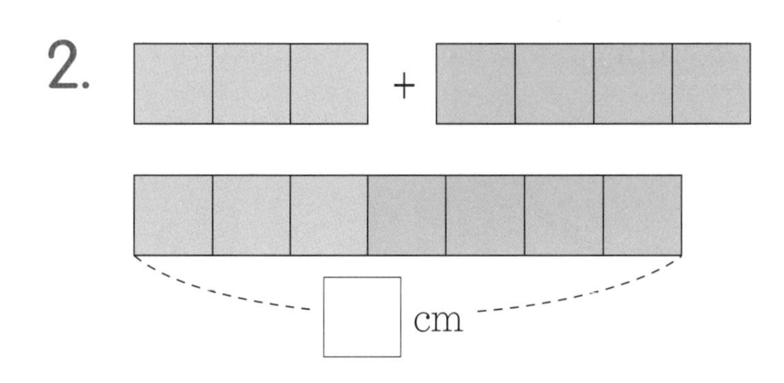

3 cm+4 cm=☐ cm

3.

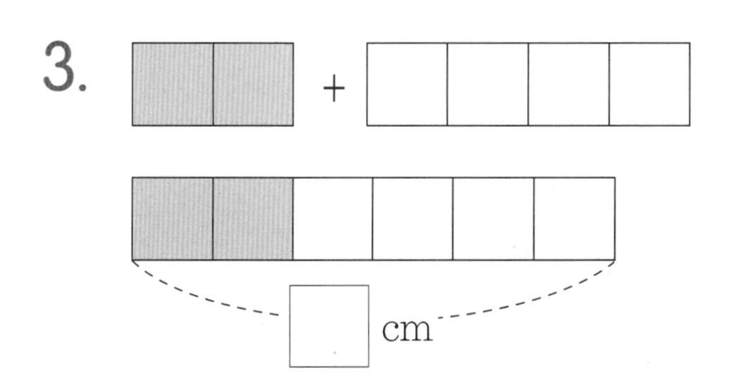

2 cm+4 cm=☐ cm

다음 두 길이의 합을 □ 안에 써넣으시오.(4~7)

4.

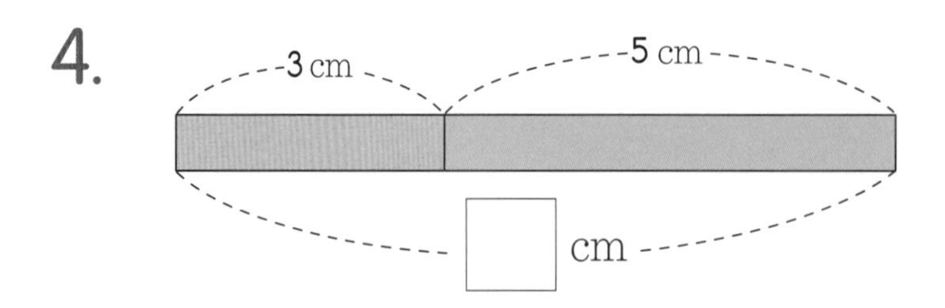

5.

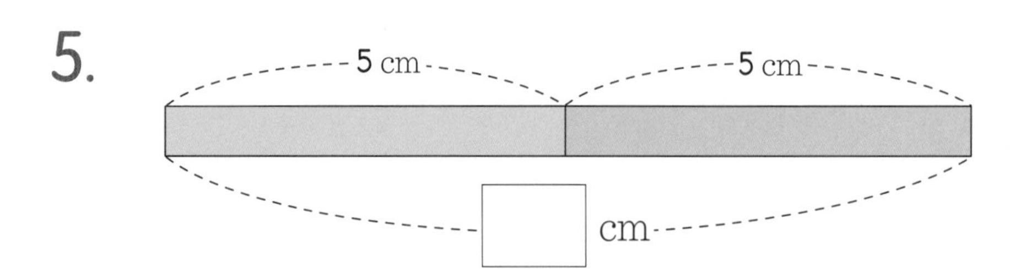

6.

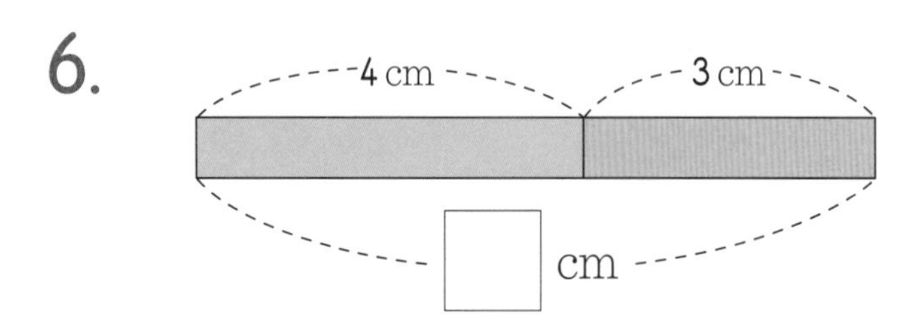

7.

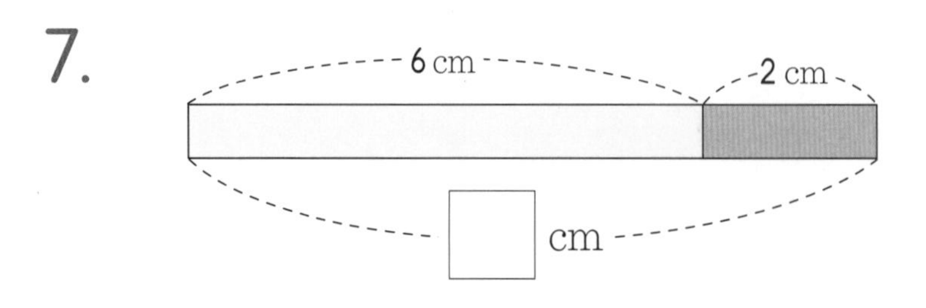

이름 :

날짜 :

시간 : 시 분 ~ 시 분

㉮와 ㉯의 길이의 차를 구하시오.(1~4)

1.

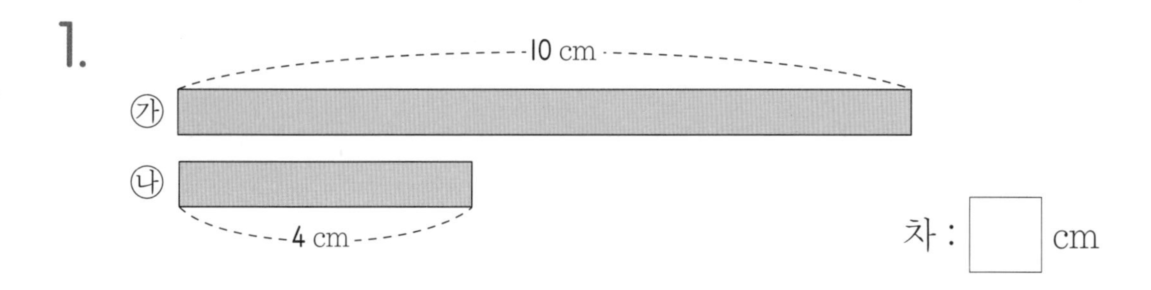

차 : □ cm

2.

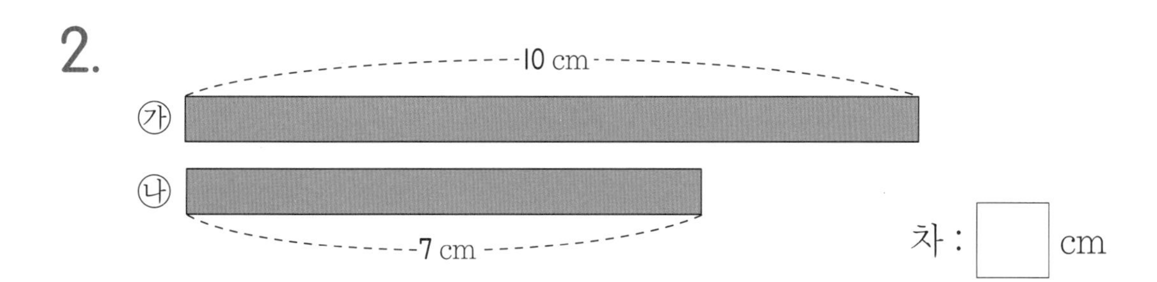

차 : □ cm

3.

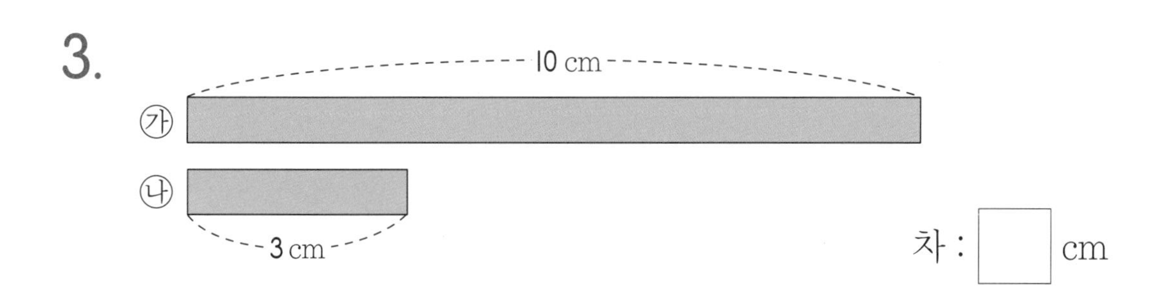

차 : □ cm

4.

7 cm

㉮

㉯

5 cm

차 : □ cm

다음 길이의 합과 차를 구하시오.(5~14)

5. 2 cm+5 cm=

6. 6 cm+3 cm=

7. 7 cm+3 cm=

8. 6 cm+5 cm=

9. 10 cm−8 cm=

10. 5 cm−3 cm=

11. 12 cm−8 cm=

12. 15 cm−7 cm=

13. 18 cm+5 cm=

14. 20 cm−10 cm=

✿ 이름 :

✿ 날짜 :

✿ 시간 : 　시　분 ~　시　분

선분의 길이를 자로 재어 보고 다음 물음에 답하시오.(1~4)

1. 선분 ㄱㄴ의 길이는 몇 cm입니까?

[답]

2. 선분 ㄴㄷ의 길이는 몇 cm입니까?

[답]

3. 선분 ㄱㄴ과 선분 ㄴㄷ의 길이의 차는 몇 cm입니까?

[식] 　[답]

4. 선분 ㄱㄴ과 선분 ㄴㄷ의 길이의 합은 몇 cm입니까?

[식] 　[답]

5. 보람이는 길이가 80 cm인 종이 테이프에서 20 cm를 잘라 썼습니다. 남은 종이 테이프는 몇 cm입니까?

[식] 　[답]

6. 다음 사각형의 네 변의 길이의 합은 몇 cm입니까?

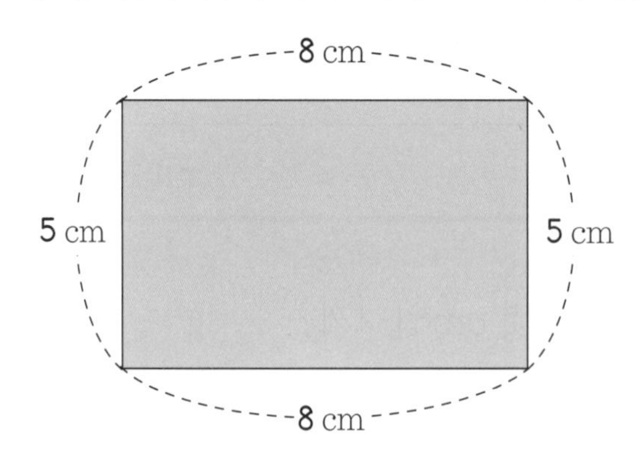

[식] [답]

7. 다음 삼각형의 세 변의 길이의 합은 몇 cm입니까?

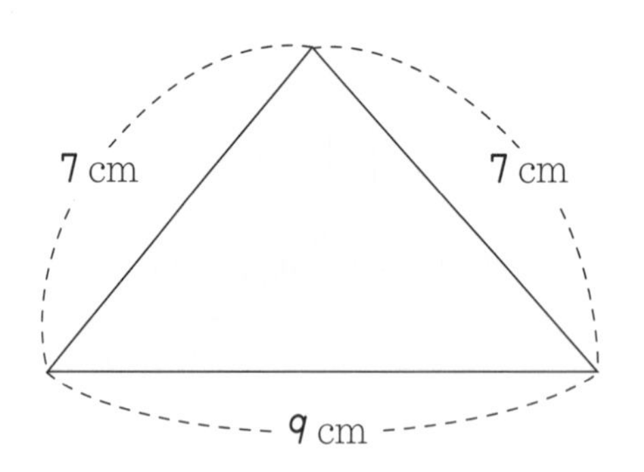

[식] [답]

8. 언니는 길이가 42 cm인 종이 테이프를 가지고 있고, 동생은 언니보다 18 cm가 더 긴 종이 테이프를 가지고 있습니다. 동생이 가지고 있는 종이 테이프는 몇 cm입니까?

[식] [답]

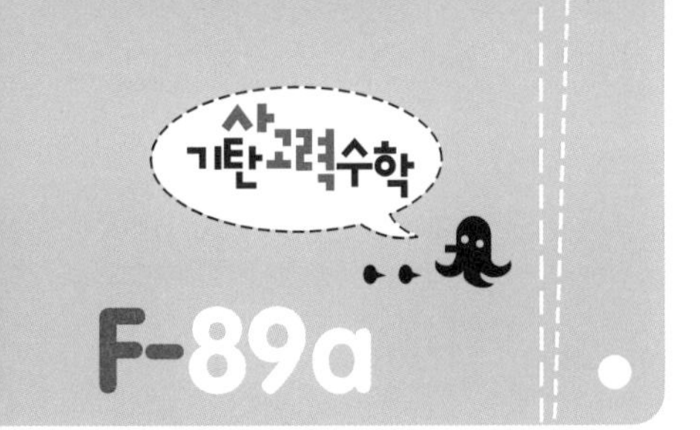

* 이름 :
* 날짜 :
* 시간 : 시 분 ~ 시 분

창의력 학습

오늘은 창훈이의 생일입니다. 창훈이의 어머니께서 맛있는 빵을 준비해 주셨습니다. 네모난 빵의 일부분은 창훈이가 먹고, 나머지 부분을 친구 4명이 똑같이 나누어 먹으려고 합니다. 모양과 크기가 같은 4부분으로 나누려면 어떻게 나누어야 합니까?

긴 막대가 2개, 짧은 막대가 4개 있습니다. 주희는 이 6개의 막대로 모양과 크기가 같은 사각형을 2개 만들려고 합니다. 어떻게 하면 됩니까?

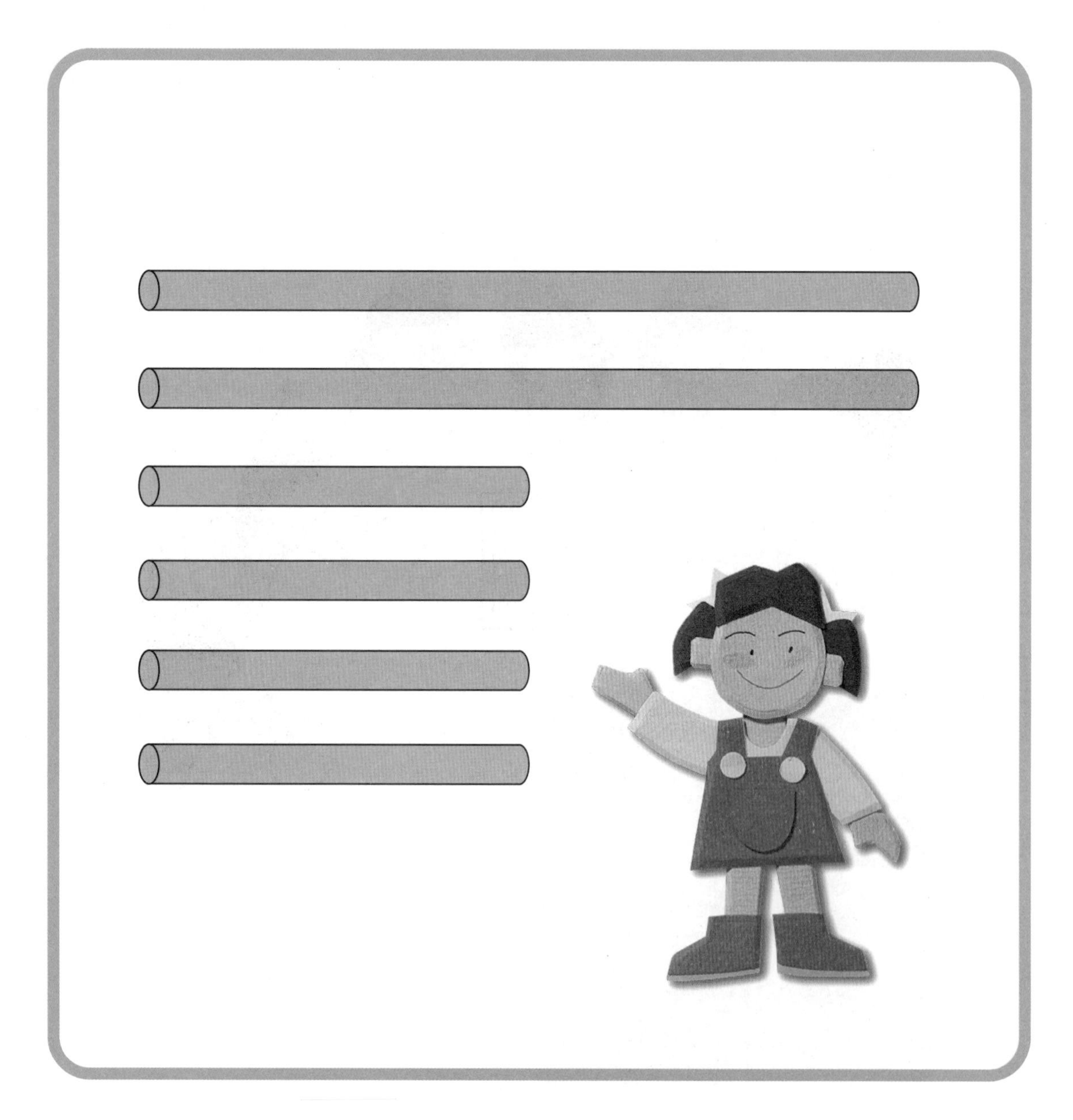

이름 :

날짜 :

시간 : 시 분 ~ 시 분

확인

경시 대회 예상 문제

1. 종이 테이프의 길이를 다음 단위길이로 재었습니다. 어느 단위길이로 재어 나타낸 수가 가장 큽니까?

① ├──┤ ② ├──────┤

③ ├────┤ ④ ├─────┤

2. 다음 물음에 답하시오.

(1) 8 cm는 1 cm의 몇 배입니까? [답]

(2) 9 cm는 몇 cm의 9배입니까? [답]

3. 다음 색 테이프의 길이는 몇 cm입니까?

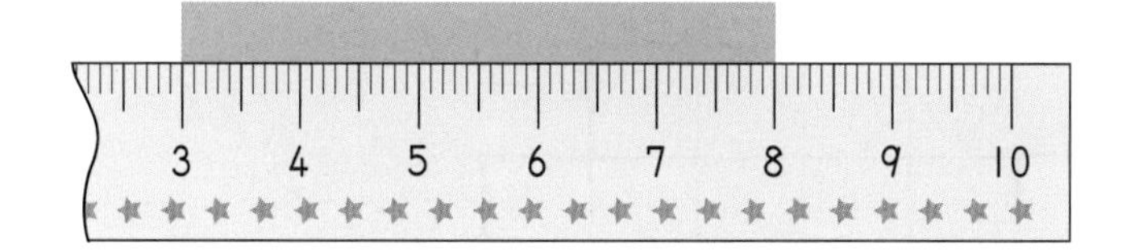

[답]

4. 길이가 2 cm인 지우개로 연필의 길이를 재었더니 지우개의 4배였습니다. 연필의 길이는 몇 cm입니까?

[답]

5. 다음 사각형의 네 변의 길이의 합은 몇 cm입니까?

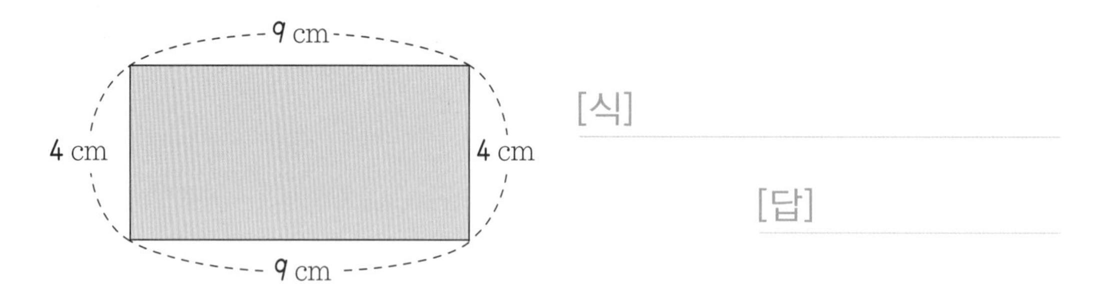

6. 다음에서 가장 긴 것은 어느 것입니까?

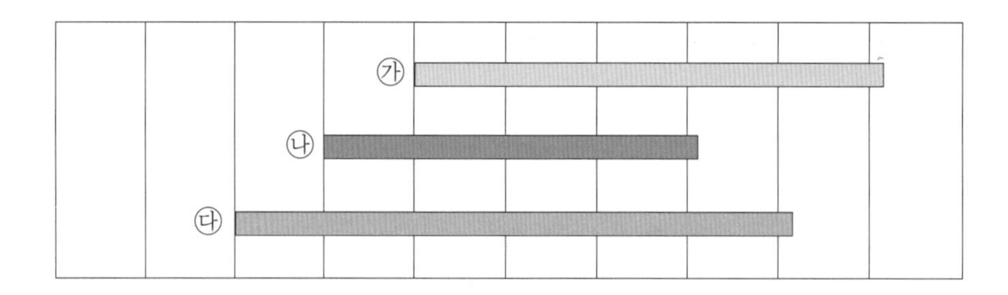

7. 다음 그림에서 가장 작은 사각형의 네 변의 길이는 모두 같고, 한 변의 길이는 1 cm입니다. 물음에 답하시오.

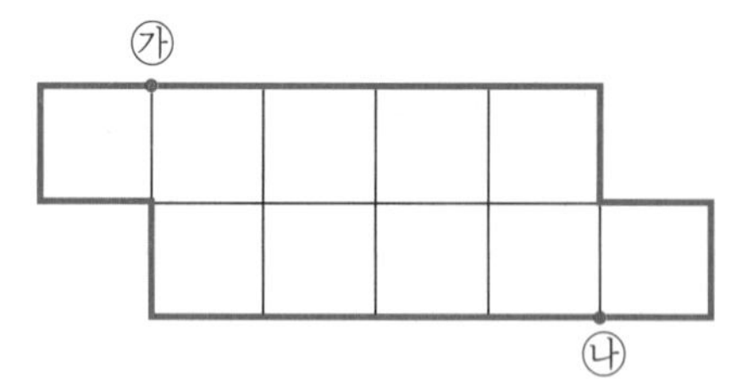

(1) 점 ㉮에서 점 ㉯까지 가는 데 가장 짧은 거리는 몇 cm입니까?

[답]

(2) 파란 선의 길이는 몇 cm입니까?

[답]

사고력도 탄탄! 창의력도 탄탄!

기탄사고력수학

F2

F91a ~ F105b

학습 관리표

학습 내용		이번 주는?
식 만들기	· 어떤 수를 □로 나타내기 · 덧셈식에서 □의 값 구하기 · 뺄셈식에서 □의 값 구하기 · 어떤 수를 구하는 식 만들기 · 식에 알맞은 문제 만들기 · 창의력 학습 · 경시 대회 예상 문제	• 학습 방법 : ① 매일매일 ② 가끔 ③ 한꺼번에 하였습니다. • 학습 태도 : ① 스스로 잘 ② 시켜서 억지로 하였습니다. • 학습 흥미 : ① 재미있게 ② 싫증내며 하였습니다. • 교재 내용 : ① 적합하다고 ② 어렵다고 ③ 쉽다고 하였습니다.

지도 교사가 부모님께	부모님이 지도 교사께

평가	Ⓐ 아주 잘함	Ⓑ 잘함	Ⓒ 보통	Ⓓ 부족함

원(교)　　　　반　　이름　　　　　전화

기초부터 탄탄하게 기탄교육

www.gitan.co.kr / (02)586-1007(대)

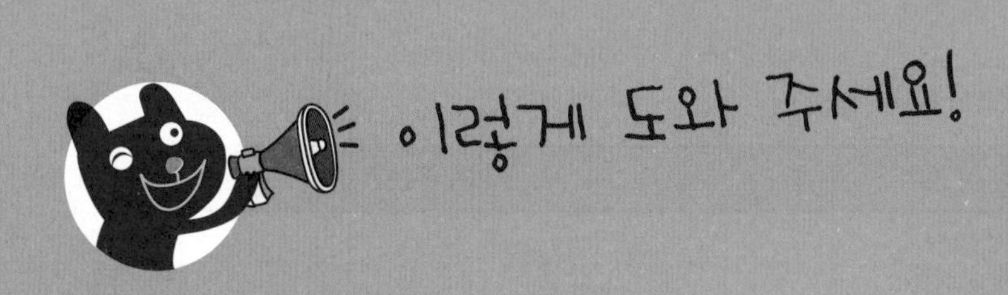

● **학습 목표**

- 어떤 수를 □로 나타낼 수 있다.
- 덧셈식에서 □의 값을 구할 수 있다.
- 뺄셈식에서 □의 값을 구할 수 있다.
- 어떤 수를 구하는 식을 만들 수 있다.
- 식에 알맞은 문제를 만들 수 있다.

● **지도 내용**

- 어떤 수를 □로 나타낼 수 있음을 알게 한다.
- □를 사용해서 덧셈식이나 뺄셈식을 만들 수 있도록 한다.
- 문제를 읽고 어떤 수를 구하는 식을 만들 수 있도록 한다.
- 식에 알맞은 문제를 만들 때에는 여러 가지 상황을 상상해 보도록 한다.

● **지도 요점**

□가 사용된 덧셈식이나 뺄셈식에서 □의 의미를 이해하게 하며, □의 값을 구할 수 있도록 합니다. □ 대신에 △, ○, (　) 등 다른 기호도 사용할 수 있다는 것을 알게 지도해 주십시오. 또한 수직선이나 반구체물을 통해 □가 들어가는 어떤 수를 구하는 식을 만들 수 있도록 지도해 주십시오.
식 만들기가 끝나면 식에 알맞은 여러 가지 상황의 문제 만들기 연습을 합니다.

이름 :

날짜 :

시간 : 시 분 ~ 시 분

다음 □ 안에 알맞은 수를 써넣으시오.(1~4)

1. 5+□=8

2. □+4=6

3. 9−□=7

4. □−2=3

5. 다음을 읽고 □를 사용하여 덧셈식으로 나타내어 보시오.

주머니 속에 파란 구슬 8개와 노란 구슬 몇 개가 있습니다. 파란 구슬과 노란 구슬은 모두 10개입니다.

파란 구슬 : 8개, 노란 구슬 : □개

덧셈식 :

6. 다음을 읽고 □를 사용하여 뺄셈식으로 나타내어 보시오.

이슬이는 연필 9자루를 가지고 있었습니다. 그중에서 몇 자루를 동생에게 주었더니 3자루가 남았습니다.

처음 가지고 있던 연필의 수 : 9자루

동생에게 준 연필의 수 : □자루

뺄셈식 :

호수에 백조가 5마리 있었습니다. 잠시 후에 몇 마리가 더 날아와서 모두 8마리가 되었습니다. 더 날아온 백조는 몇 마리인지 알아보시오.(7~11)

7. 처음에 있던 백조는 몇 마리입니까?

[답]

8. 식으로 나타내려면 더 날아온 백조의 수를 무엇으로 나타내는 것이 좋습니까?

[답]

9. 더 날아온 백조의 수를 알아보는 식을 □를 사용하여 덧셈식으로 나타내시오.

[식]

10. □의 값을 구하는 뺄셈식을 만드시오.

[식]

11. 더 날아온 백조는 몇 마리입니까?

[답]

이름 :
날짜 :
시간 : 시 분 ~ 시 분

확인

◆ □를 사용하여 식으로 나타내기

- 어떤 수를 □로 나타냅니다.
- 어떤 수를 합하는 경우는 덧셈식으로 나타냅니다.
- 어떤 수를 뺀 차를 나타내는 경우는 뺄셈식으로 나타냅니다.

□를 사용하여 덧셈식으로 나타내시오.(1~4)

1. 어떤 수 더하기 12　　[식]

2. 어떤 수보다 5 큰 수　　[식]

3. 12와 어떤 수의 합은 20과 같습니다.

[식]

4. 10보다 어떤 수만큼 큰 수는 15와 같습니다.

[식]

그림을 보고 다음과 같이 덧셈식으로 나타내시오.(5~7)

5. ★★★★★ ★★ +

[식]

6. ★★★★★ ★ +

[식]

7. + ★★★★★ ★

[식]

이름 :

날짜 :

시간 : 시 분 ~ 시 분

확인

그림을 보고 다음과 같이 덧셈식으로 나타내시오.(1~3)

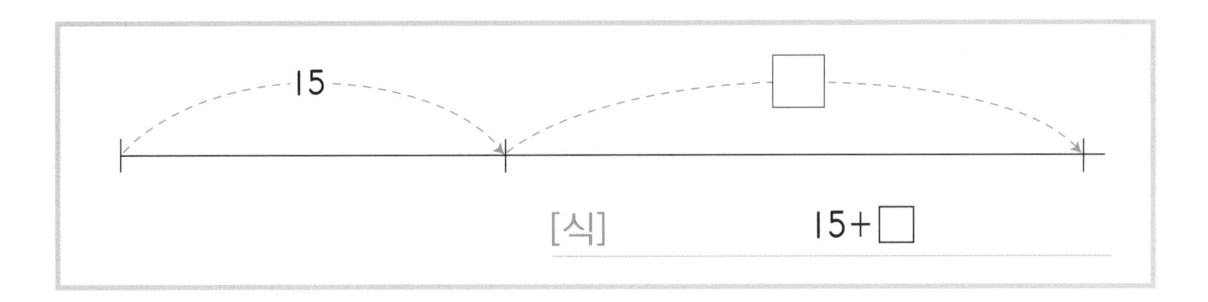

[식] 15+□

1.

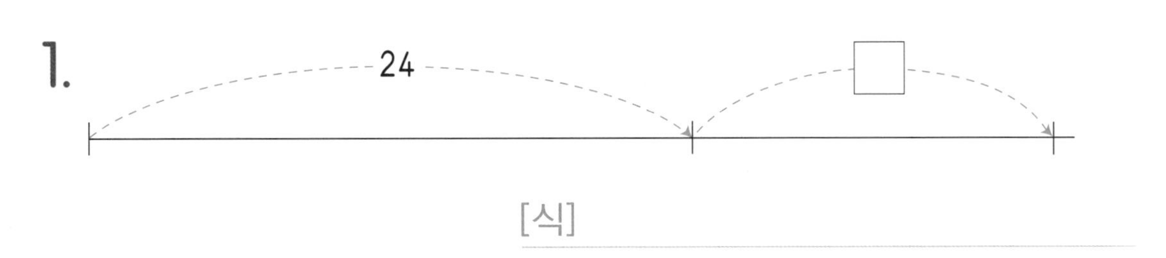

[식]

2.

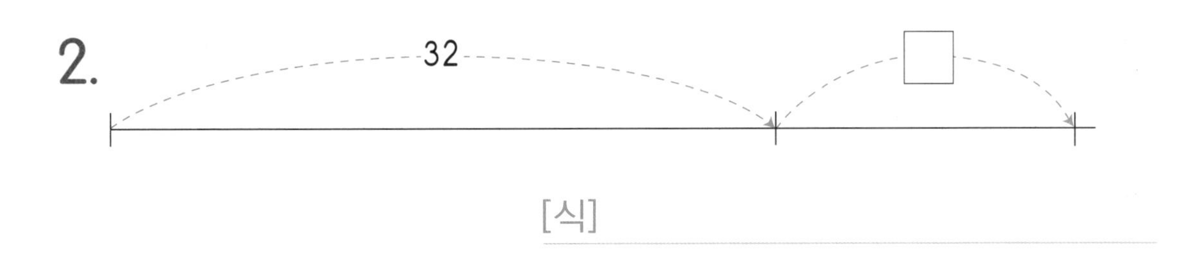

[식]

3.

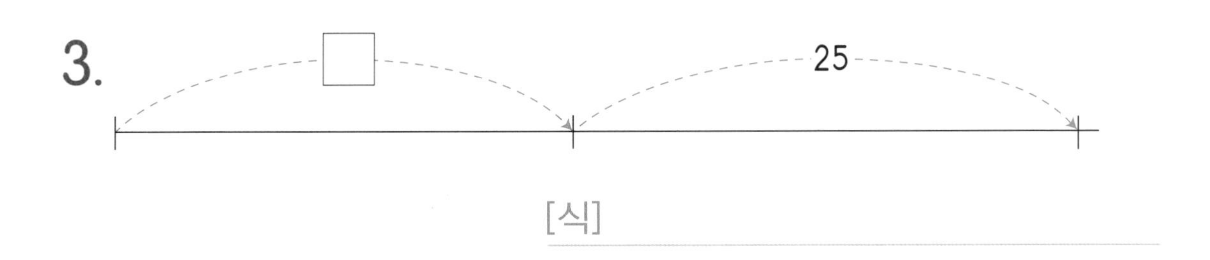

[식]

다음을 덧셈식으로 나타내시오.(4~11)

4. 5 더하기 4 [식]

5. 6보다 2 큰 수 [식]

6. 4와 3의 합 [식]

7. 어떤 수 더하기 5 [식]

8. 어떤 수보다 8 큰 수 [식]

9. 어떤 수와 9의 합 [식]

10. 15에 어떤 수를 더한 수 [식]

11. 14보다 어떤 수만큼 큰 수 [식]

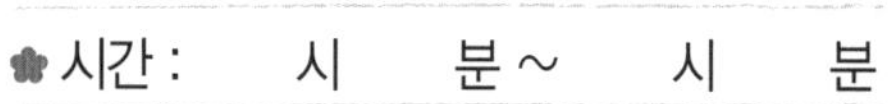

이름 :

날짜 :

시간 : 시 분 ~ 시 분

다음 □ 안에 알맞은 수를 써넣으시오.(1~10)

1. $9-\square=5$

2. $10-\square=4$

3. $25-\square=19$

4. $34-\square=8$

5. $48-\square=25$

6. $59-\square=29$

7. $\square-5=10$

8. $\square-15=25$

9. $\square-42=31$

10. $\square-26=32$

전깃줄에 참새가 15마리 앉아 있었습니다. 포수가 오자 몇 마리가 날아갔습니다. 남은 참새를 세어 보니 8마리였습니다. 날아간 참새는 몇 마리인지 알아보시오.(11~15)

11. 처음에 있던 참새는 몇 마리입니까?

[답] ________________

12. 식으로 나타내려면 날아간 참새의 수를 무엇으로 나타내는 것이 좋습니까?

[답] ________________

13. 날아간 참새의 수를 알아보는 식을 □를 사용하여 뺄셈식으로 나타내시오.

[식] ________________

14. □의 값을 구하는 뺄셈식을 만드시오.

[식] ________________

15. 날아간 참새는 몇 마리입니까?

[답] ________________

❀ 이름 :

❀ 날짜 :

❀ 시간 : 시 분 ~ 시 분

□를 사용하여 뺄셈식으로 나타내시오.(1~5)

1. 어떤 수 빼기 14

[식]

2. 어떤 수보다 8 작은 수

[식]

3. 20 빼기 어떤 수는 10과 같습니다.

[식]

4. 30보다 어떤 수만큼 작은 수는 15와 같습니다.

[식]

5. 어떤 수에서 12를 빼면 20과 같습니다.

[식]

그림을 보고 다음과 같이 뺄셈식으로 나타내시오.(6~7)

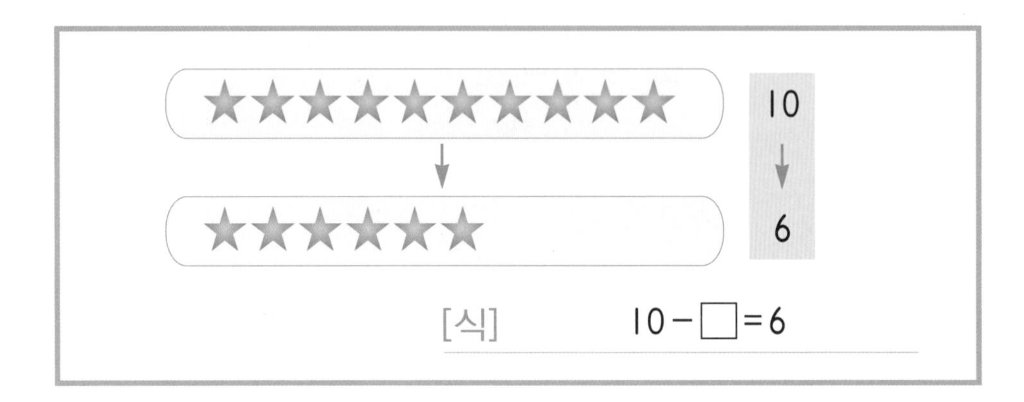

6.

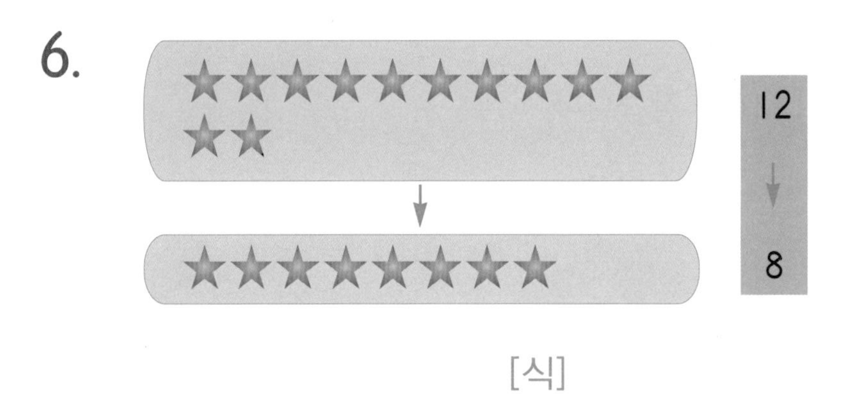

[식]

7.

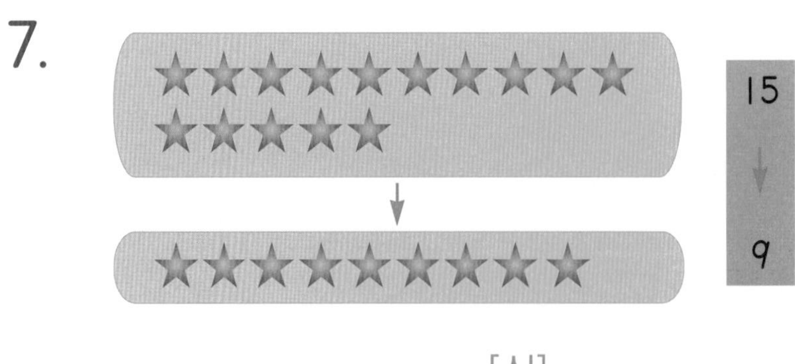

[식]

이름 :
날짜 :
시간 : 시 분 ~ 시 분

확인

그림을 보고 다음과 같이 뺄셈식으로 나타내시오.(1~3)

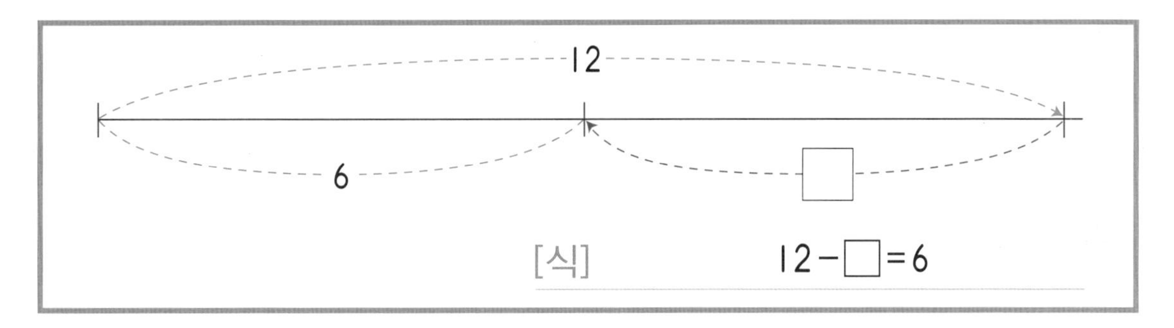

1.

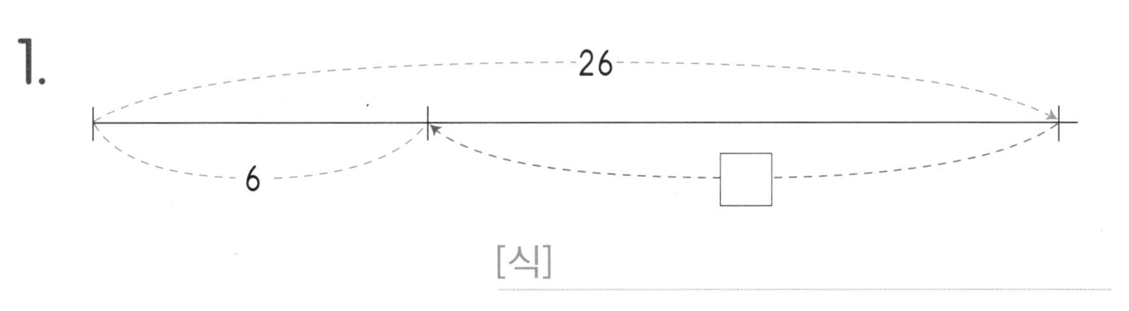

[식]

2.

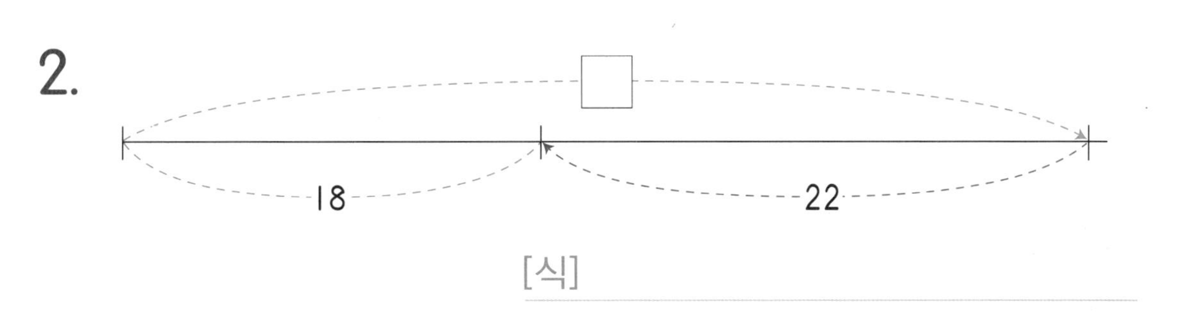

[식]

3.

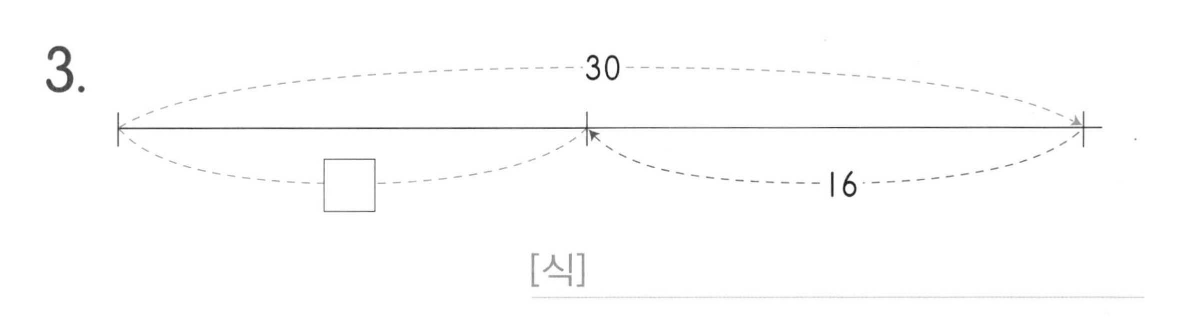

[식]

다음을 뺄셈식으로 나타내시오.(4~11)

4. 19 빼기 7 [식]

5. 15보다 8 작은 수 [식]

6. 20과 14의 차 [식]

7. 어떤 수 빼기 32 [식]

8. 어떤 수보다 15 작은 수 [식]

9. 어떤 수 빼기 45 [식]

10. 85에서 어떤 수를 뺀 수 [식]

11. 78보다 어떤 수만큼 작은 수 [식]

이름 :

날짜 :

시간 : 시 분 ~ 시 분

그림을 보고 □를 사용하여 식을 만들고, □의 값을 구하시오.(1~3)

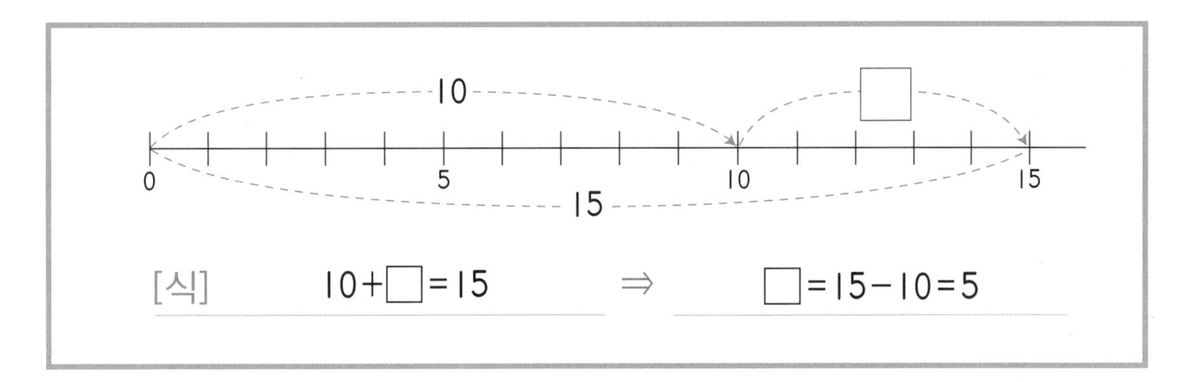

[식] 10+□=15 ⇒ □=15−10=5

1.

0 5 10 15 20 — □, 11, 20

[식] ⇒

2.

0 5 10 15 20 — 7, □, 20

[식] ⇒

3.

0 5 10 15 20 — □, 5, 20

[식] ⇒

□를 사용하여 식으로 나타내고 답을 구하시오.(4~6)

4. 귤이 12개 있었습니다. 어머니께서 시장에서 몇 개를 더 사 오셔서 귤은 모두 30개가 되었습니다. 어머니께서 더 사 오신 귤은 몇 개입니까?

[식] [답]

5. 전깃줄에 참새가 몇 마리 앉아 있었습니다. 잠시 후에 8마리가 더 날아와서 참새는 모두 25마리가 되었습니다. 처음 전깃줄에는 참새가 몇 마리 앉아 있었습니까?

[식] [답]

6. 마당에 닭 18마리와 오리 몇 마리가 있습니다. 마당에 있는 닭과 오리는 모두 32마리입니다. 오리는 몇 마리 있습니까?

[식] [답]

❀ 이름 :

❀ 날짜 :

❀ 시간 : 시 분 ~ 시 분

그림을 보고 □를 사용하여 식을 만들고, □의 값을 구하시오.(1~3)

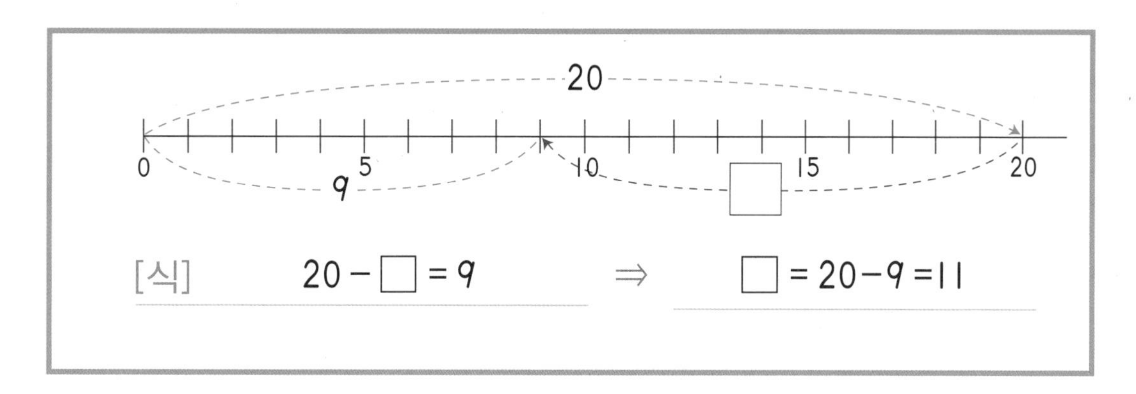

[식] 20 − □ = 9 ⇒ □ = 20 − 9 = 11

1.

20

0 5 10 15 20

14 □

[식] ⇒

2.

20

0 5 10 15 20

8 □

[식] ⇒

3.

□

0 5 10 15 20

11 9

[식] ⇒

□를 사용하여 식으로 나타내고 답을 구하시오.(4~6)

4. 색종이가 48장 있었습니다. 미술 시간에 몇 장을 썼더니 28장이 남았습니다. 미술 시간에 쓴 색종이는 몇 장입니까?

[식] [답]

5. 놀이터에 어린이들이 몇 명 있었습니다. 잠시 후에 8명이 집으로 가고 12명이 남았습니다. 처음 놀이터에 있던 어린이는 몇 명입니까?

[식] [답]

6. 보람이는 구슬을 42개 가지고 있었습니다. 그중에서 동생에게 몇 개를 주었더니 26개가 남았습니다. 동생에게 준 구슬은 몇 개입니까?

[식] [답]

이름 :
날짜 :
시간 : 시 분 ~ 시 분

다음과 같이 □를 사용하여 식으로 나타내고 어떤 수를 구하시오.(1~3)

◆ 어떤 수보다 25 큰 수는 80입니다.

[식] □+25=80 ⇒ □=80−25, □=55

1. 어떤 수보다 34 큰 수는 92입니다.

[식] ⇒

2. 어떤 수와 42의 합은 81입니다.

[식] ⇒

3. 8과 어떤 수의 합은 10입니다.

[식] ⇒

다음 □ 안에 알맞은 수를 써넣으시오.(4~11)

4. $43+\square=92$

5. $54+\square=82$

6. $38+\square=50$

7. $19+\square=48$

8. $\square+27=75$

9. $\square+38=43$

10. $\square+28=64$

11. $\square+49=76$

❀ 이름 :

❀ 날짜 :

❀ 시간 : 시 분 ~ 시 분

다음과 같이 □를 사용하여 식으로 나타내고 어떤 수를 구하시오.(1~3)

◆ 어떤 수보다 5 작은 수는 10입니다.

[식] □−5=10 ⇒ □=10+5, □=15

1. 어떤 수보다 15 작은 수는 28입니다.

[식] ⇒

2. 어떤 수 빼기 48은 35입니다.

[식] ⇒

3. 92에서 어떤 수를 빼면 65입니다.

[식] ⇒

다음 □ 안에 알맞은 수를 써넣으시오.(4~11)

4. $80-\square=34$

5. $72-\square=48$

6. $91-\square=69$

7. $64-\square=16$

8. $\square-43=38$

9. $\square-19=56$

10. $\square-22=68$

11. $\square-38=17$

이름 :

날짜 :

시간 : 시 분 ~ 시 분

확인

□를 사용하여 식으로 나타내고 어떤 수를 구하시오.(1~3)

1. 어떤 수와 18의 합은 44입니다.

[식] [답]

2. 28과 어떤 수의 합은 45입니다.

[식] [답]

3. 47보다 어떤 수만큼 큰 수는 73입니다.

[식] [답]

□를 사용하여 식으로 나타내고 답을 구하시오.(4~6)

4. 과일 가게에 사과가 몇 개 있었습니다. 오늘 45개를 들여와서 사과는 모두 85개가 되었습니다. 처음에 있던 사과는 몇 개입니까?

[식] [답]

5. 주차장에 자동차가 12대 있었습니다. 잠시 후에 몇 대가 더 들어와서 자동차는 모두 30대가 되었습니다. 더 들어온 자동차는 몇 대입니까?

[식] [답]

6. 지금 할머니의 연세는 65세이고, 이모의 연세는 38세입니다. 앞으로 몇 년 후면 이모의 연세가 지금 할머니의 연세와 같아집니까?

[식] [답]

- 이름 :
- 날짜 :
- 시간 : 시 분 ~ 시 분

확인

□를 사용하여 식으로 나타내고 어떤 수를 구하시오.(1~3)

1. 72 빼기 어떤 수는 50입니다.

[식] [답]

2. 어떤 수보다 32 작은 수는 18입니다.

[식] [답]

3. 어떤 수에서 26을 빼면 37입니다.

[식] [답]

□를 사용하여 식으로 나타내고 답을 구하시오.(4~6)

4. 과일 가게에 배가 84개 있었습니다. 그중에서 몇 개를 팔았더니 25개가 남았습니다. 배를 몇 개 팔았습니까?

[식] [답]

5. 보라는 색종이를 몇 장 가지고 있었습니다. 그중에서 동생에게 24장을 주었더니 36장이 남았습니다. 보라가 처음에 가지고 있던 색종이는 몇 장입니까?

[식] [답]

6. 아버지의 나이는 35살이고 나는 9살입니다. 아버지의 나이에서 몇 살을 빼면 나의 나이가 됩니까?

[식] [답]

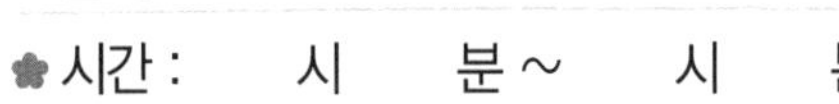

이름 :

날짜 :

시간 : 시 분 ~ 시 분

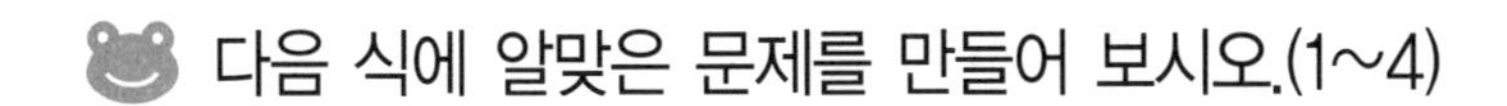

다음 식에 알맞은 문제를 만들어 보시오.(1~4)

1. $\square - 5 = 6$

[답]

2. $\square - 24 = 16$

[답]

3. $25 + \square = 40$

[답]

4. $62 - \square = 48$

[답]

다음 □ 안에 알맞은 수를 써넣으시오.(5~14)

5. $12+6-\square=8$

6. $54-26-\square=5$

7. $43+48-\square=57$

8. $89-45-\square=14$

9. $8+\square+5=33$

10. $15+\square+25=95$

11. $20-\square-7=5$

12. $50-\square-15=10$

13. $45-10+\square=80$

14. $90-28-\square=46$

이름 :

날짜 :

시간 : 시 분 ~ 시 분

창의력 학습

혜영이는 가족들과 함께 놀이 공원에 놀러 갔습니다. 어떤 기구를 탔는데, 이 기구에는 □가 들어 있는 식이 적혀 있었습니다. □ 안에 들어갈 알맞은 수를 맞혀야지만 기구가 움직인다고 합니다. 혜영이가 기구를 재미있게 탈 수 있도록 □의 값을 구해 보시오.

아래의 과녁판에 5개의 화살을 쏘아 모두 맞혔습니다. 과녁판의 점수는 3점, 5점, 8점입니다. 점수의 합이 26점이 되었다면, 과녁판의 어떤 부분에 맞혔는지 화살을 맞힌 부분을 점으로 나타내어 보시오.

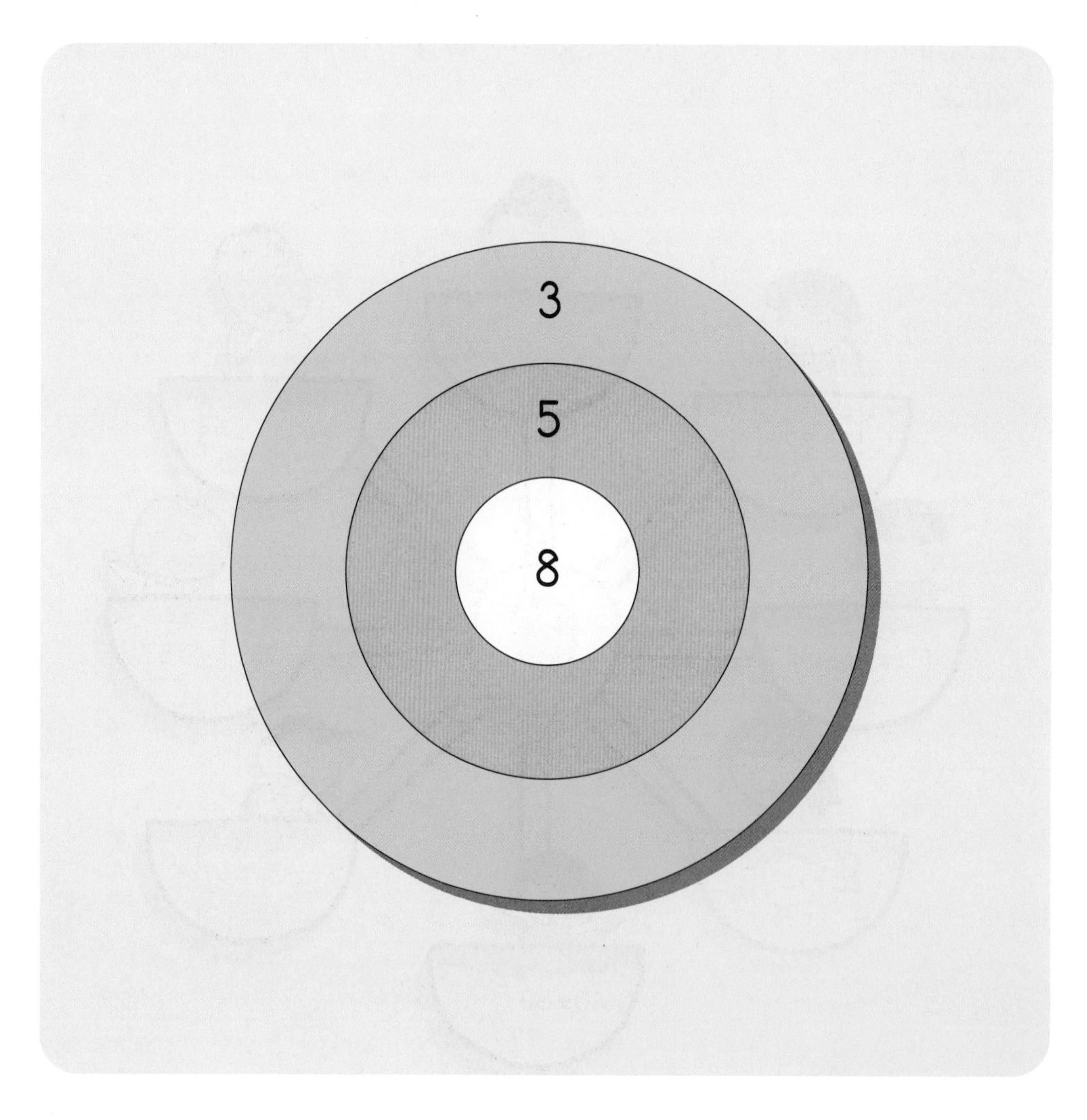

❀ 이름 :

❀ 날짜 :

❀ 시간 : 시 분 ~ 시 분

확인

경시 대회 예상 문제

1. 다음 그림을 보고 □를 사용하여 식으로 나타내시오.

[식]

2. 다음 그림을 보고 □를 사용하여 식을 만들고, □의 값을 구하시오.

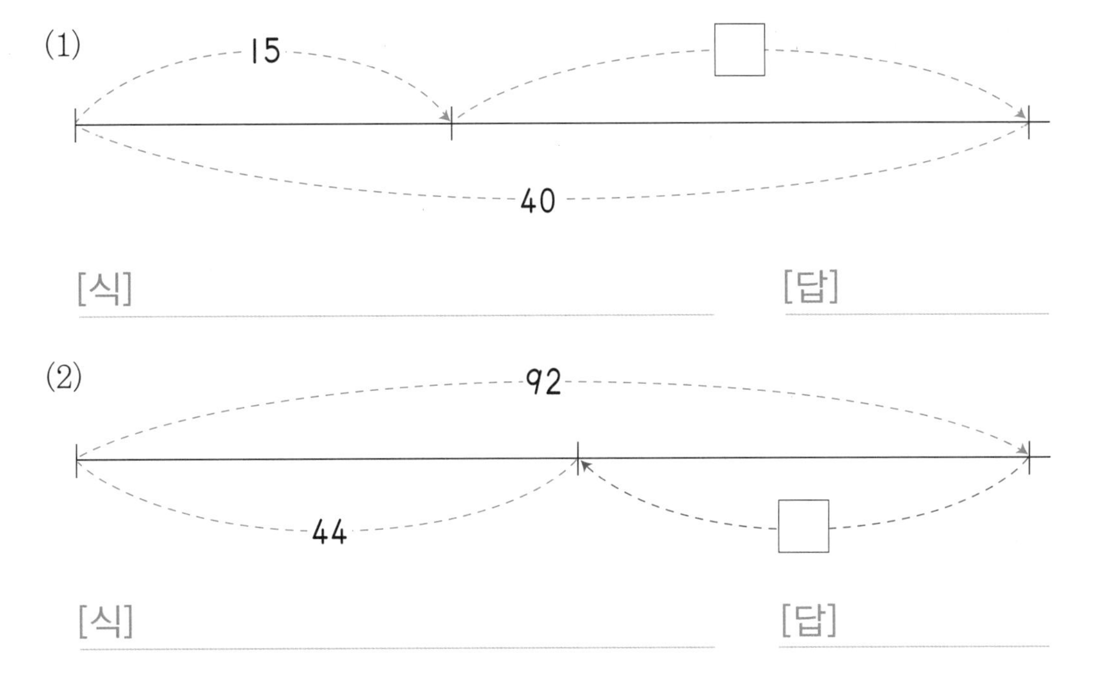

(1) [식] [답]

(2) [식] [답]

3. 어떤 수에서 25를 빼고 다시 26을 더하면 88이 됩니다. 어떤 수는 얼마인지 □를 사용하여 알맞은 식을 쓰고 답을 구하시오.

[식] ______________________ [답] ____________

4. 어떤 수를 7번 더한 값이 8번 더한 값보다 10이 작습니다. 어떤 수는 얼마입니까?

[답] ____________

5. 병아리와 강아지가 모두 9마리 있습니다. 병아리와 강아지의 다리 수를 세어 보니 모두 28개입니다. 병아리와 강아지는 각각 몇 마리입니까?

[답] 병아리: ____________, 강아지: ____________

6. 색종이를 언니는 28장 가지고 있고, 동생은 18장 가지고 있습니다. 색종이를 언니가 동생에게 몇 장을 주면, 두 사람이 가지고 있는 색종이의 수가 같아집니까?

[답] ____________

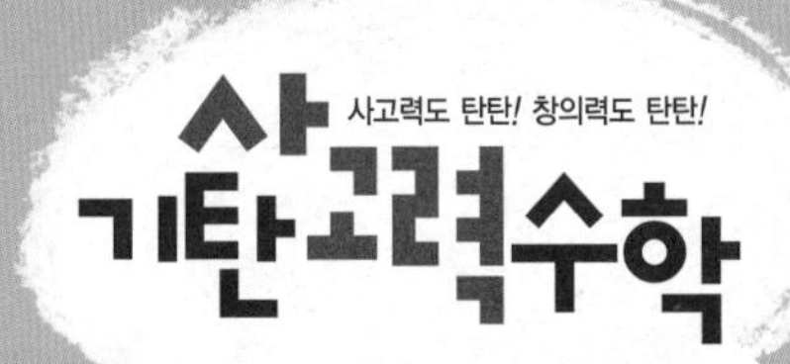

F106a ~ F120b

학습 관리표

학습 내용		이번 주는?
확인 학습	· 덧셈과 뺄셈(2) · 길이 재기 · 식 만들기 · 창의력 학습 · 경시 대회 예상 문제 · 성취도 테스트	• 학습 방법 : ① 매일매일 ② 가끔 ③ 한꺼번에 하였습니다. • 학습 태도 : ① 스스로 잘 ② 시켜서 억지로 하였습니다. • 학습 흥미 : ① 재미있게 ② 싫증내며 하였습니다. • 교재 내용 : ① 적합하다고 ② 어렵다고 ③ 쉽다고 하였습니다.

지도 교사가 부모님께	부모님이 지도 교사께

평가	Ⓐ 아주 잘함	Ⓑ 잘함	Ⓒ 보통	Ⓓ 부족함

원(교) 반 이름 전화

기초부터 탄탄하게
기탄교육
www.gitan.co.kr / (02)586-1007(대)

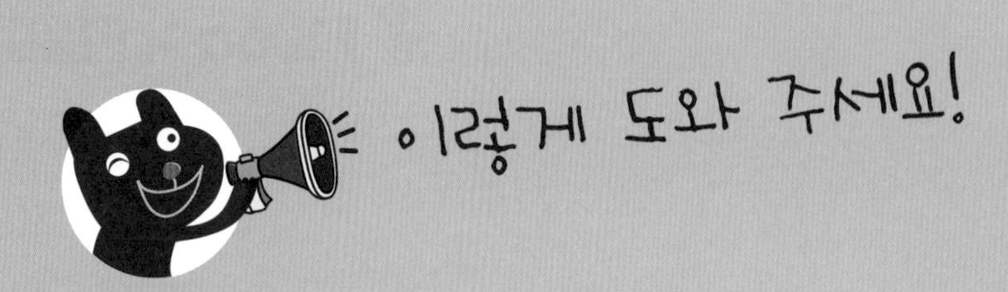

● 학습 목표

- 받아올림이 있는 (두 자리 수)+(두 자리 수)의 계산 문제와
  받아내림이 있는 (두 자리 수)−(두 자리 수)의 계산 문제를 풀 수 있다.
- 여러 가지 방법으로 계산할 수 있고, 세 수의 혼합 계산을 할 수 있다.
- 단위길이를 이용하여 길이를 비교할 수 있다.
- 길이의 단위(cm)를 안다.
- 어떤 수를 □로 나타내고, 어떤 수를 구하는 식을 만들 수 있다.
- 덧셈식과 뺄셈식에서 □의 값을 구할 수 있다.

● 지도 내용

- 받아올림이 있는 (두 자리 수)+(두 자리 수)의 계산 문제와
  받아내림이 있는 (두 자리 수)−(두 자리 수)의 계산 문제를 풀도록 한다.
- 여러 가지 방법으로 계산해 보도록 한다.
- 세 수의 혼합 계산을 해 보도록 한다.
- 단위길이를 이용하여 길이를 비교할 수 있도록 한다.
- 자를 사용해서 길이의 단위인 cm의 개념을 알도록 한다.
- 어떤 수를 □로 나타낼 수 있음을 알게 한다.
- □를 사용해서 덧셈식이나 뺄셈식을 만들 수 있도록 한다.
- 문제를 읽고 어떤 수를 구하는 식을 만들 수 있도록 한다.

● 지도 요점

앞에서 학습한 받아올림과 받아내림이 있는 두 자리 수의 덧셈과 뺄셈, 길이 재기, 식 만들기를 확인 학습하는 주입니다. 여러 유형의 문제를 접해 보게 함으로써 아이가 학습한 지식을 잘 응용할 수 있도록 지도해 주십시오. 그리고 성취도 테스트를 이용해서 주어진 시간 내에 주어진 문제를 푸는 연습을 하도록 지도해 주십시오.

✿ 이름 :

✿ 날짜 :

✿ 시간 : 시 분 ~ 시 분

다음은 어느 초등학교의 체육 시험에서 100점을 맞은 학생 수를 나타낸 표입니다. 물음에 답하시오.(1~4)

학 년	1학년	2학년	3학년	4학년	5학년	6학년
학생 수(명)	68	72	85	94	96	98

1. 3학년과 4학년은 각각 몇 명의 학생이 100점을 맞았습니까?

3학년: ______, 4학년: ______

2. 3학년과 4학년은 모두 몇 명의 학생이 100점을 맞았습니까?

[식] [답]

3. 100점을 맞은 학생이 가장 많은 학년과 가장 적은 학년은 각각 몇 학년입니까?

가장 많은 학년: ______, 가장 적은 학년: ______

4. 3번 문제에서 100점을 맞은 학생 수의 차는 몇 명입니까?

[식] [답]

놀이터에서 여자 어린이 8명과 남자 어린이 9명이 놀고 있었습니다. 잠시 후에 여자 어린이 5명이 집으로 가고, 남자 어린이 8명이 더 왔습니다. 다음 물음에 답하시오.(5~8)

5. 처음 놀이터에 있던 어린이는 모두 몇 명입니까?

[식] [답]

6. 놀이터에 남아 있는 여자 어린이는 몇 명입니까?

[식] [답]

7. 처음 놀이터에 있던 남자 어린이와 나중에 더 온 남자 어린이를 합하면 모두 몇 명입니까?

[식] [답]

8. 현재 놀이터에 남아 있는 여자 어린이와 남자 어린이를 합하면 모두 몇 명입니까?

[식] [답]

❀ 이름 :

❀ 날짜 :

❀ 시간 : 시 분 ~ 시 분

확인

아름이는 색종이를 52장 가지고 있었습니다. 그중에서 36장을 미술 시간에 사용하고, 새로 15장을 샀습니다. 아름이가 가지고 있는 색종이는 몇 장입니까? 다음 물음에 답하시오.(1~5)

1. 무엇을 구하는 문제입니까?

[답] ______________________

2. 구하려고 하는 색종이의 수를 식으로 나타내시오.

[식] ______________________

3. 처음 가지고 있던 색종이에서 36장을 사용하면 남은 것은 몇 장입니까?

[식] ______________________ [답] __________

4. 미술 시간에 사용하고 남은 색종이에 새로 산 15장을 더하면 몇 장이 됩니까?

[식] ______________________ [답] __________

5. 아름이가 가지고 있는 색종이는 몇 장입니까?

[식] ______________________ [답] __________

은비는 동화책을 월요일에는 46쪽, 화요일에는 37쪽, 수요일에는 58쪽을 읽었습니다. 은비가 3일 동안 읽은 동화책은 모두 몇 쪽입니까? 다음 물음에 답하시오.(6~10)

6. 무엇을 구하는 문제입니까?

[답]

7. 은비가 3일 동안 읽은 동화책의 쪽수를 식으로 나타내시오.

[식]

8. 월요일과 화요일에 읽은 동화책은 모두 몇 쪽입니까?

[식] [답]

9. 월요일과 화요일에 읽은 동화책 쪽수의 합에 수요일에 읽은 동화책의 쪽수를 더하면 모두 몇 쪽입니까?

[식] [답]

10. 은비가 3일 동안 읽은 동화책은 모두 몇 쪽입니까?

[식] [답]

이름 :
날짜 :
시간 : 시 분 ~ 시 분

확인

다음 연필의 길이를 단위길이 ㉮, ㉯, ㉰로 재어 보고 물음에 답하시오.(1~4)

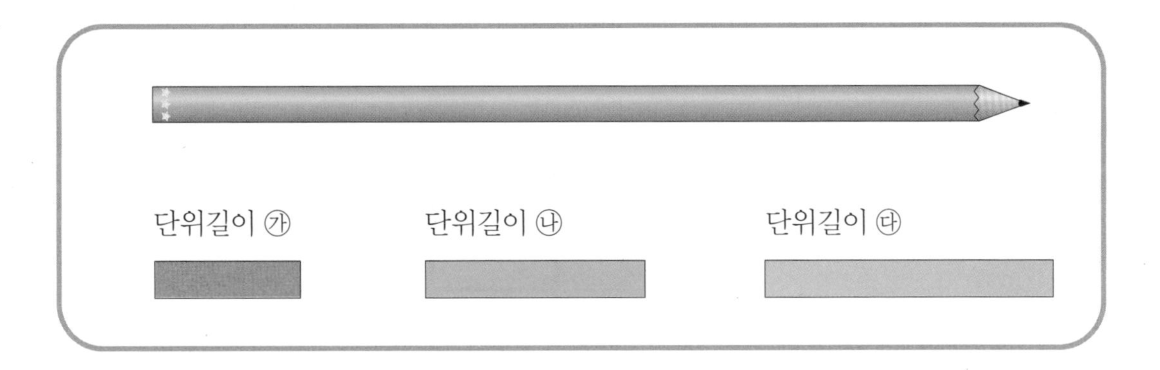

1. 어느 단위길이로 재어 나타낸 수가 가장 큽니까?

[답]

2. 어느 단위길이로 재어 나타낸 수가 가장 작습니까?

[답]

3. 연필의 길이는 단위길이 ㉯의 몇 배입니까?

[답]

4. 연필의 길이를 자로 재면 몇 cm입니까?

[답]

다음 그림에서 가장 작은 사각형의 네 변의 길이는 모두 같고, 한 변의 길이는 2 cm입니다. 물음에 답하시오.(5~8)

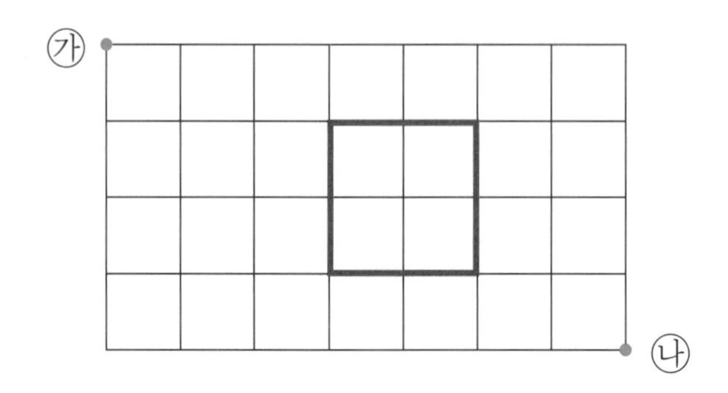

5. 가장 작은 사각형의 네 변의 길이의 합은 몇 cm입니까?

[답]

6. 빨간 선으로 된 사각형의 네 변의 길이의 합은 몇 cm입니까?

[답]

7. 가장 작은 사각형의 변을 따라갈 때, 점 ㉮에서 점 ㉯까지 가는 가장 짧은 거리는 몇 cm입니까?

[답]

8. 가장 큰 사각형의 네 변의 길이의 합은 몇 cm입니까?

[답]

✿ 이름 :

✿ 날짜 :

✿ 시간 : 시 분 ~ 시 분

확인

빨간색 끈의 길이는 파란색 끈보다 8 cm 더 길고, 노란색 끈보다 12 cm 더 짧습니다. 파란색 끈의 길이가 77 cm라면 노란색 끈의 길이는 몇 cm입니까? 다음 물음에 답하시오.(1~5)

1. 무엇을 구하는 문제입니까?

[답]

2. 파란색 끈의 길이는 몇 cm입니까?

[답]

3. 빨간색 끈의 길이는 몇 cm입니까?

[식] [답]

4. 노란색 끈의 길이를 구하는 식을 □를 사용하여 쓰시오.

[식]

5. 노란색 끈의 길이는 몇 cm입니까?

[답]

다음은 여러 가지 단위길이로 색 테이프의 길이를 잰 것입니다. 지우개 한 개의 길이는 2 cm입니다. 물음에 답하시오.(6~10)

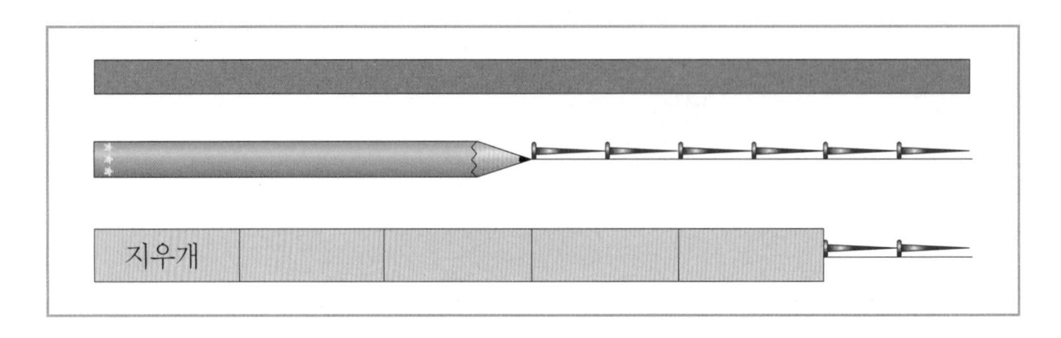

6. 지우개 한 개의 길이는 못 몇 개의 길이와 같습니까?

[답]

7. 못 한 개의 길이는 몇 cm입니까?

[답]

8. 연필 한 자루의 길이는 못 몇 개의 길이와 같습니까?

[답]

9. 연필 한 자루의 길이는 몇 cm입니까?

[답]

10. 색 테이프의 길이는 몇 cm입니까?

[답]

❀ 이름 :
❀ 날짜 :
❀ 시간 : 시 분 ~ 시 분

확인

누나와 동생이 주사위 던지기 놀이를 하였습니다. 각각 네 번씩 던져서 다음과 같은 눈의 수가 나왔습니다. 물음에 답하시오.(1~4)

〈나온 눈의 수〉

던진 횟수 / 던진 사람	1회	2회	3회	4회
누 나	1	3	5	2
동 생	2	6	4	6

1. 누나가 주사위를 던져서 나온 눈의 수를 한 번씩만 사용하여 가장 큰 두 자리 수와 가장 작은 두 자리 수를 만들어 보시오.

가장 큰 두 자리 수 : ________, 가장 작은 두 자리 수 : ________

2. 동생이 주사위를 던져서 나온 눈의 수를 한 번씩만 사용하여 가장 큰 두 자리 수와 가장 작은 두 자리 수를 만들어 보시오.

가장 큰 두 자리 수 : ________, 가장 작은 두 자리 수 : ________

3. 누가 더 큰 두 자리 수를 만들었습니까? [답] ________

4. 누나가 만든 가장 큰 두 자리 수에 어떤 수를 더하면 동생이 만든 가장 큰 두 자리 수와 같게 되는지 □를 사용하여 식으로 나타내고 답을 구하시오.

[식] ________ [답] ________

단비는 가족과 함께 주말 농장에서 고구마 30개를 캤습니다. 그중에서 8개를 이웃집에 주고, 몇 개를 팔았더니 12개가 남았습니다. 판 고구마는 몇 개입니까? 다음 물음에 답하시오.(5~9)

5. 무엇을 구하는 문제입니까?

[답] ______________________

6. 위의 문제를 그림 위에 나타내시오.

7. 위의 문제를 □를 사용하여 식으로 나타내시오.

[식] ______________________

8. □의 값은 얼마입니까? [답] ______________

9. 판 고구마는 몇 개입니까? [답] ______________

이름 :

날짜 :

시간 : 시 분 ~ 시 분

확인

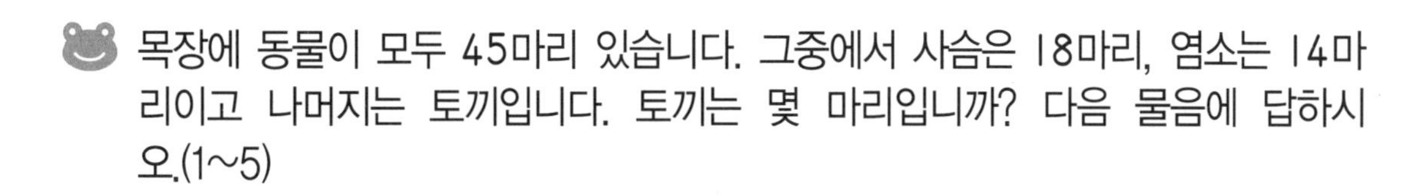

목장에 동물이 모두 45마리 있습니다. 그중에서 사슴은 18마리, 염소는 14마리이고 나머지는 토끼입니다. 토끼는 몇 마리입니까? 다음 물음에 답하시오.(1~5)

1. 무엇을 구하는 문제입니까?

[답]

2. 주어진 조건은 무엇입니까?

[답]

3. 위의 문제를 □를 사용하여 식으로 나타내시오.

[식]

4. □의 값은 얼마입니까?

[답]

5. 토끼는 몇 마리입니까?

[답]

형은 파란 구슬 14개와 흰 구슬 28개를 가지고 있었습니다. 그중에서 동생에게 몇 개를 주고, 남은 구슬을 세어 보니 18개였습니다. 동생에게 준 구슬은 몇 개입니까? 다음 물음에 답하시오.(6~9)

6. 위의 문제를 그림 위에 나타내시오.

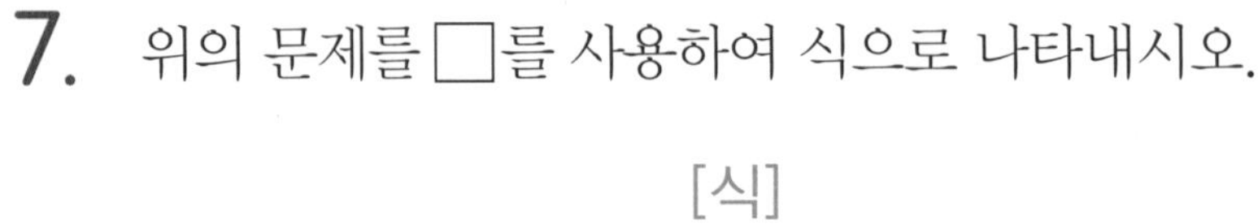

7. 위의 문제를 □를 사용하여 식으로 나타내시오.

[식] ______________________

8. □의 값은 얼마입니까?

[답] ______________________

9. 동생에게 준 구슬은 몇 개입니까?

[답] ______________________

이름 :
날짜 :
시간 : 시 분 ~ 시 분

1. □가 7일 때 ☆은 얼마인지 구하시오.

□+□= △
△+□+□= ◎
◎ + ◎ − △ = ☆

[답]

다음 계산을 하시오.(2~5)

2. $45+37+18=$

3. $92-47-26=$

4. $54+38-47=$

5. $62-27+55=$

다음 □ 안에 알맞은 수를 써넣으시오.(6~9)

6. $74-\square=36$

7. $\square-24=52$

8. $45+\square=91$

9. $\square+25=73$

10. 꽃밭에 빨간색 꽃은 45송이, 노란색 꽃은 38송이 피었습니다. 꽃밭에 핀 빨간색 꽃과 노란색 꽃은 모두 몇 송이입니까?

[식] [답]

11. 과일 상자에 사과가 24개 들어 있고, 배는 사과보다 17개 더 많이 들어 있습니다. 과일 상자에 들어 있는 사과와 배는 모두 몇 개입니까?

[식] [답]

12. 어떤 수에 42를 더해야 할 것을 잘못하여 24를 더했더니 52가 되었습니다. 바르게 계산하면 얼마입니까?

[답]

❀ 이름 :

❀ 날짜 :

❀ 시간 : 시 분 ~ 시 분

다음 □ 안에 알맞은 수를 써넣으시오.(1~2)

1.

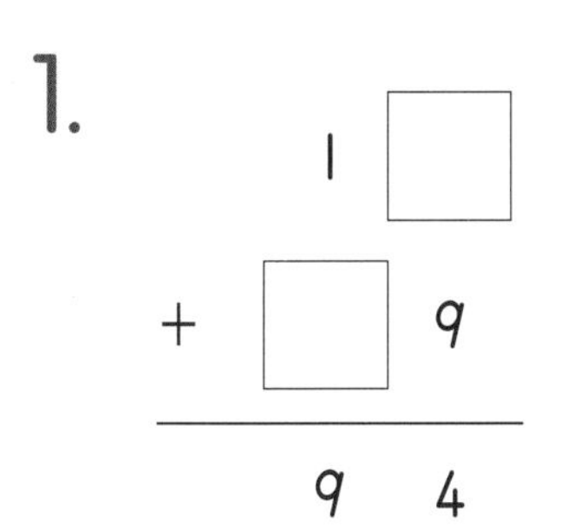

2.

$$\begin{array}{r} 9\ 4 \\ -\ \square\ 9 \\ \hline 5\ \square \end{array}$$

3. 다음 □ 안에 알맞은 수를 써넣으시오.

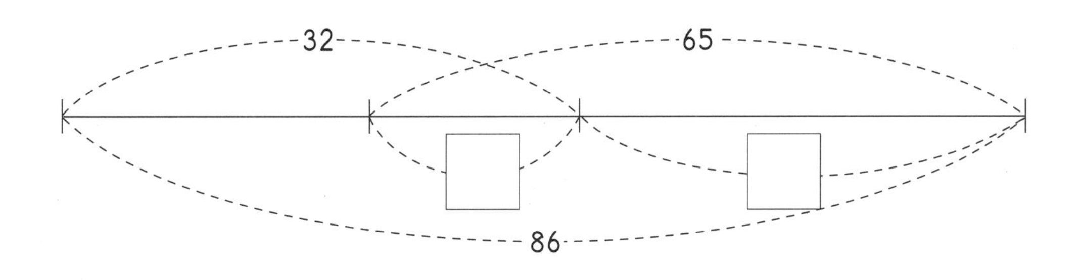

4. 버스에 28명이 타고 있었습니다. 시청 앞에 도착하여 19명이 내리고 25명이 더 탔습니다. 지금 버스에 타고 있는 사람은 몇 명입니까?

[식]

[답]

5. 다음 □ 안에 들어갈 수 있는 수 중에서 가장 큰 수를 쓰시오.

$23 < 36 - \square$

[답]

6. 다음 □ 안에 들어갈 알맞은 수를 쓰시오.

$56 - 19 + 38 = 99 - \square$

[답]

7. 오빠와 동생의 나이를 합하면 21살입니다. 오빠는 동생보다 3살 더 많습니다. 동생은 몇 살입니까?

[답]

8. 연필을 언니는 2타 가지고 있고, 동생은 20자루 가지고 있습니다. 두 사람이 가지고 있는 연필의 수가 같으려면, 언니가 동생에게 몇 자루를 주어야 합니까?

[답]

- 이름 :
- 날짜 :
- 시간 : 시 분 ~ 시 분

다음 연필의 길이를 알아보시오.(1~2)

1.

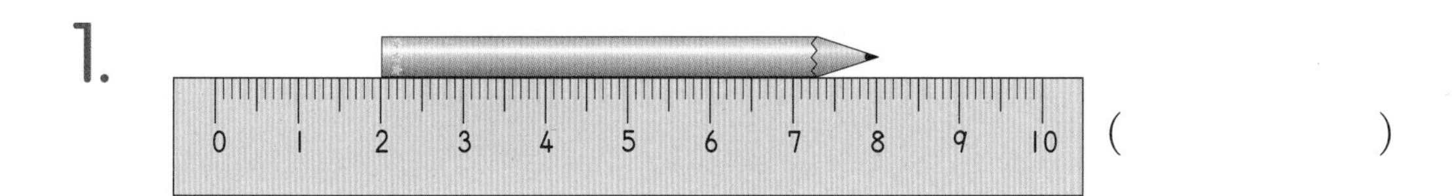

( )

2.

0 1 2 3 4 5 6 7 8 9 10

( )

3. ㉮, ㉯, ㉰는 단위길이의 몇 배입니까?

단위길이

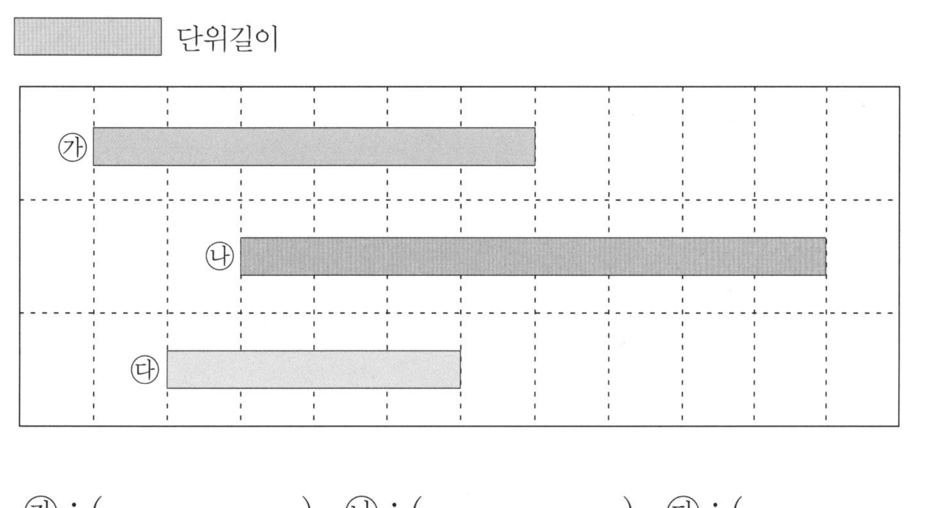

㉮ : ( ), ㉯ : ( ), ㉰ : ( )

4. 단위길이로 막대의 길이를 재려고 합니다. 다음 중 어느 단위길이로 재어 나타낸 수가 가장 작습니까?

① ▭　　② ▭

③ ▭　　④ ▭

다음 도형에서 더 긴 변에 ○표 하시오.(5~6)

5.

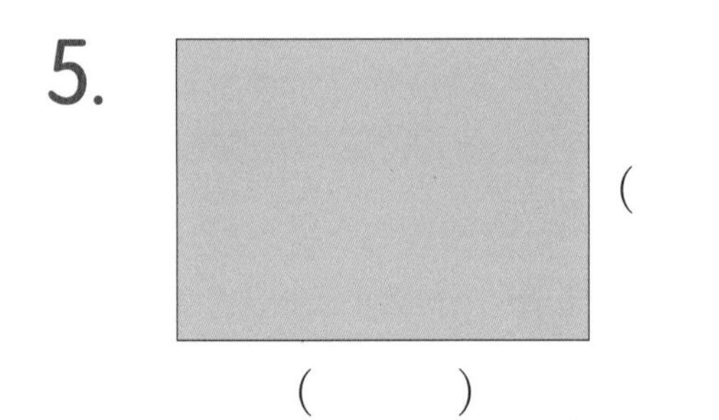

(　　　)

(　　　)

6.

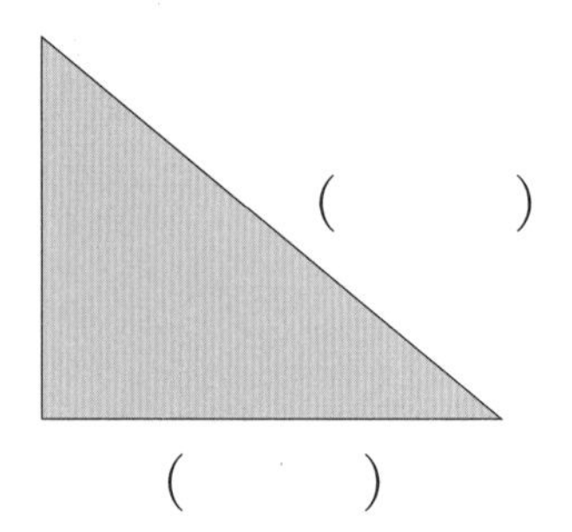

(　　　)

(　　　)

단위길이의 주어진 배만큼 선을 그으시오.(7~8)

├──────┤ 단위길이

7. 3배 ├- - - - - - - - - - - - - - - - - - - -

8. 5배 ├- - - - - - - - - - - - - - - - - - - -

이름 :
날짜 :
시간 : 시 분 ~ 시 분

확인

1. ㉮가 어떤 단위길이의 4배일 때, ㉯는 어떤 단위길이의 몇 배입니까?

㉮ ├────────┤

㉯ ├────────┼────────┼────────┤ (　　　　　)

2. 길이가 8 cm인 자로 어떤 막대의 길이를 재었더니 막대의 길이는 자의 길이의 4배였습니다. 이 막대의 길이는 몇 cm입니까?

[식] [답]

3. 동생이 가지고 있는 끈의 길이는 10 cm입니다. 형이 가지고 있는 끈의 길이는 동생이 가지고 있는 끈의 길이의 3배입니다. 형이 가지고 있는 끈의 길이는 몇 cm입니까?

[식] [답]

다음 물음에 답하시오.(4~6)

4. 1 cm의 10배는 몇 cm입니까? [답]

5. 2 cm의 10배는 몇 cm입니까? [답]

6. 5 cm의 10배는 몇 cm입니까? [답]

다음 그림을 보고 물음에 답하시오.(7~8)

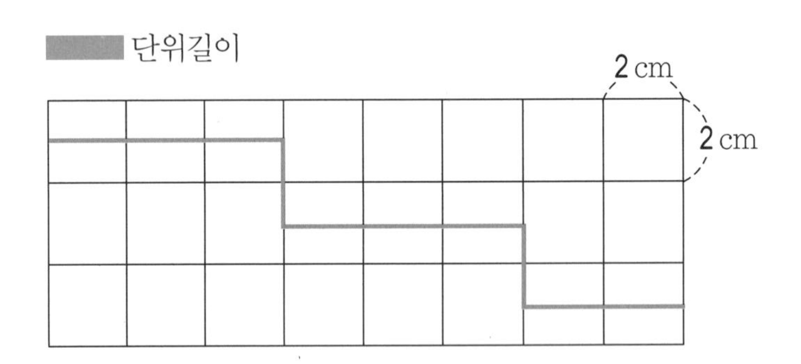

7. 초록색 선은 단위길이의 몇 배입니까? [답]

8. 초록색 선의 길이는 몇 cm입니까? [답]

이름 :

날짜 :

시간 : 시 분 ~ 시 분

다음을 □를 사용하여 식으로 나타내시오.(1~2)

1. 4보다 어떤 수만큼 큰 수는 25입니다.

[식]

2. 어떤 수에서 12를 빼면 54입니다.

[식]

다음 □ 안에 알맞은 수를 써넣으시오.(3~4)

3. 73−26−□=14

4. 36+27+□=92

5. 다음 그림을 보고 □를 사용하여 식을 만드시오.

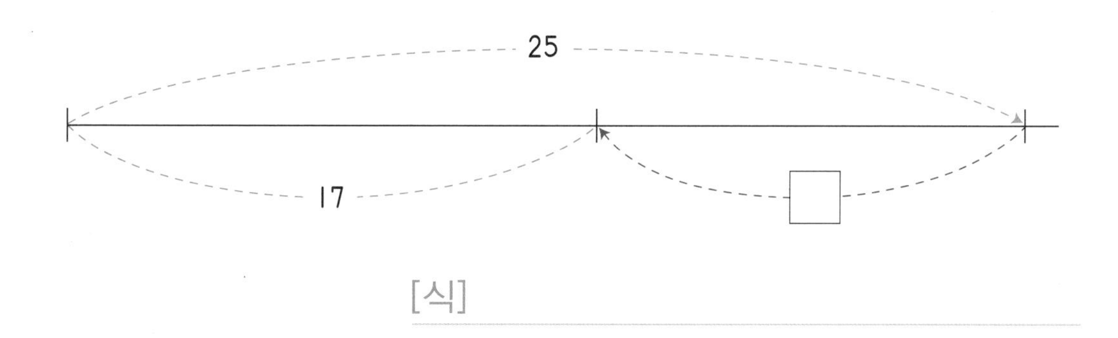

[식]

□를 사용하여 식으로 나타내고 답을 구하시오.(6~9)

6. 어떤 수보다 47만큼 큰 수는 82와 같습니다.

[식] [답]

7. 78보다 어떤 수만큼 작은 수는 39입니다.

[식] [답]

8. 언니가 가지고 있는 색종이 몇 장과 동생이 가지고 있는 색종이 38장을 합하면 모두 84장이 됩니다. 언니가 가지고 있는 색종이는 몇 장입니까?

[식] [답]

9. 형은 딱지를 52장 가지고 있었습니다. 동생에게 18장, 친구에게 몇 장을 주었더니 28장이 남았습니다. 형이 친구에게 준 딱지는 몇 장입니까?

[식] [답]

* 이름 :
* 날짜 :
* 시간 : 시 분 ~ 시 분

다음 계산을 하시오.(1~6)

1. 46+27=

2. 78+89=

3. 92−38=

4. 81−47=

5. 56+73=

6. 65−29=

규칙에 따라 □ 안에 알맞은 수를 써넣으시오.(7~9)

7. 1, 4, 7, □, 13, □, 19, □, □

8. 1, 3, 5, □, □, 11, □, 15, □

9. 41, 37, 33, □, 25, □, 17, □, □

다음 □ 안에 알맞은 수를 써넣으시오.(10~13)

10. □+25+18=70

11. 75−28−□=16

12. 48+47−□=22

13. 67−28+□=55

14. 그림을 보고 □를 사용하여 식을 만들고, □의 값을 구하시오.

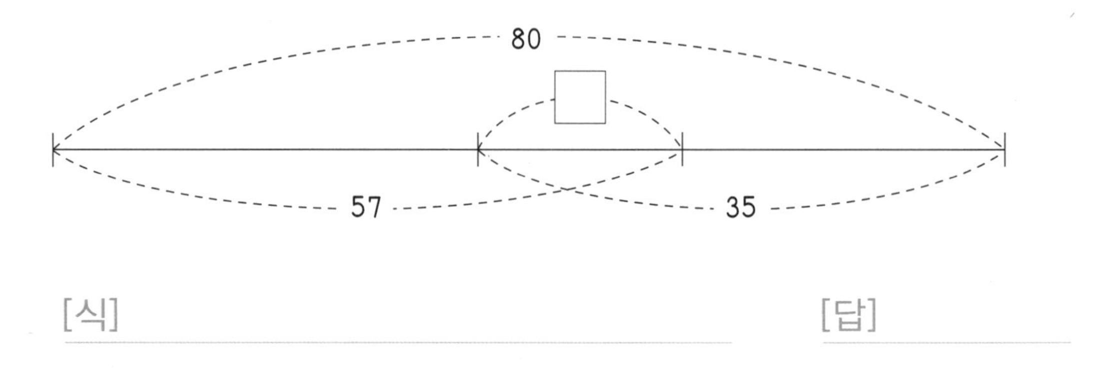

[식]

[답]

15. 마당에 강아지 4마리와 닭 몇 마리가 있습니다. 다리 수를 세어 보니 모두 20개였습니다. 마당에 있는 닭은 몇 마리입니까?

[답]

❀ 이름 :

❀ 날짜 :

❀ 시간 : 시 분 ~ 시 분

창의력 학습

아래에 있는 바늘 없는 꽃 시계 그림에 선분을 2개 그어서, 선분 안에 있는 숫자를 더하면 모두 26이 된다고 합니다. 어떻게 그어야 할지 선분을 그어 보시오.

계산이 바르게 된 곳에만 색칠해 보고, 색칠한 후에는 어떤 모양이 되는지 말해 보시오.

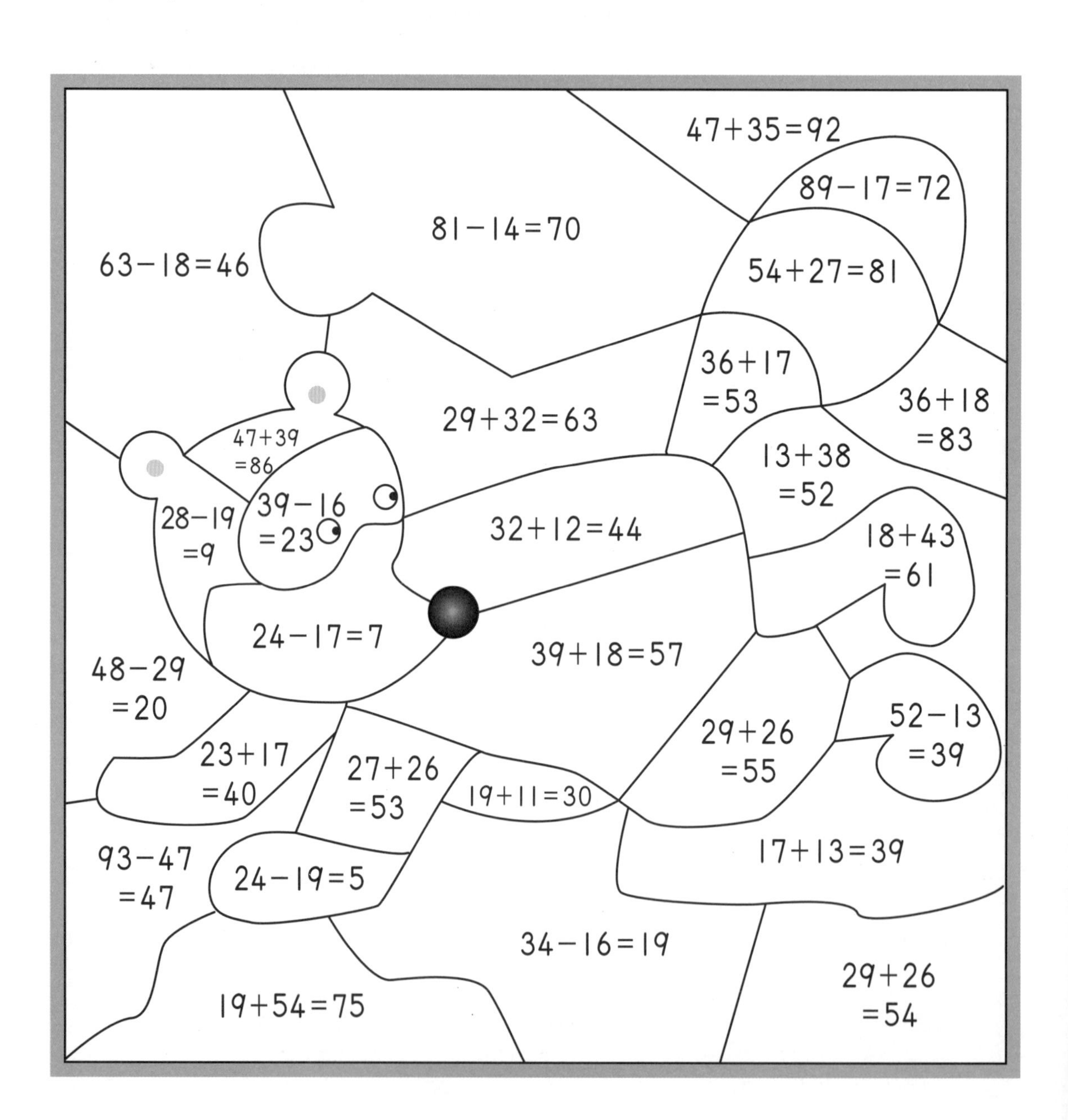

❀ 이름 :

❀ 날짜 :

❀ 시간 : 시 분 ~ 시 분

 경시 대회 예상 문제

1. 다음 빈 곳에 알맞은 수를 써넣으시오.

(1)

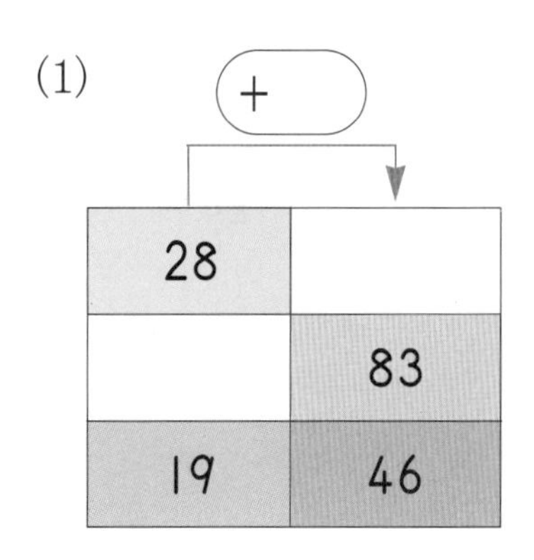

(2)

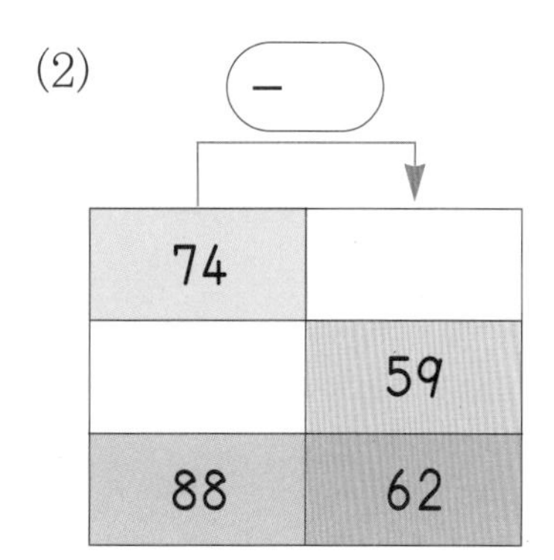

2. 다음 덧셈식을 보고 뺄셈식을 2개 만드시오.

$25+68=93$ ⇒ $\square - \square = \square$, $\square - \square = \square$

3. 다음 뺄셈식을 보고 덧셈식을 2개 만드시오.

$91-45=46$ ⇒ $\square + \square = \square$, $\square + \square = \square$

4. 다음 계산을 하시오.

(1) $94-28+15=$

(2) $45+38-29=$

(3) $19+67+55=$

(4) $90-37-24=$

5. 다음 길이는 몇 cm인지 알아보시오.

(1) 4 cm의 5배

[식]

[답]

(2) 10 cm의 6배

[식]

[답]

6. 숫자 1, 5, 9를 한 번씩만 사용하여 두 자리 수를 만들 때, 둘째 번으로 큰 수와 가장 작은 수의 차는 얼마입니까?

[식]

[답]

❀ 이름 :

❀ 날짜 :

❀ 시간 : 시 분 ~ 시 분

7. 다음 식에 알맞은 문제를 만들어 보시오.

(1) $48+22=\square$

[답]

(2) $50-20=\square$

[답]

(3) $40+\square=80$

[답]

(4) 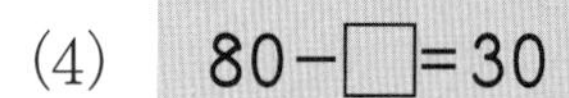

[답]

8. 형과 동생의 나이를 합하면 모두 22살입니다. 형은 동생보다 4살 더 많습니다. 형의 나이는 몇 살입니까?

[답]

9. 언니는 지금 중학교 1학년입니다. 동생은 4년 후면 지금의 언니와 같은 학년이 됩니다. 지금 동생은 초등학교 몇 학년입니까?

[답]

10. 어떤 수에서 24를 빼어야 할 것을 잘못하여 24를 더했더니 75가 되었습니다. 바르게 계산하면 얼마입니까?

[답]

사고력수학 성취도 테스트

F61a~F120b (제한 시간 : 40분)

이름

날짜

정답 수

- ☐ 20~18문항 : Ⓐ 아주 잘함 — 학습한 교재에 대한 성취도가 매우 높습니다. ➡ **다음 단계인 F③집으로 진행하십시오.**
- ☐ 17~15문항 : Ⓑ 잘함 — 학습한 교재에 대한 성취도가 충분합니다. ➡ **다음 단계인 F③집으로 진행하십시오.**
- ☐ 14~12문항 : Ⓒ 보통 — 다음 단계로 나가는 능력이 약간 부족합니다. ➡ **F②집을 복습한 다음 F③집으로 진행하십시오.**
- ☐ 11문항 이하 : Ⓓ 부족함 — 다음 단계로 나가기에는 능력이 아주 부족합니다. ➡ **F②집을 처음부터 다시 학습하십시오.**

1. 다음 □ 안에 알맞은 수를 써넣으시오.

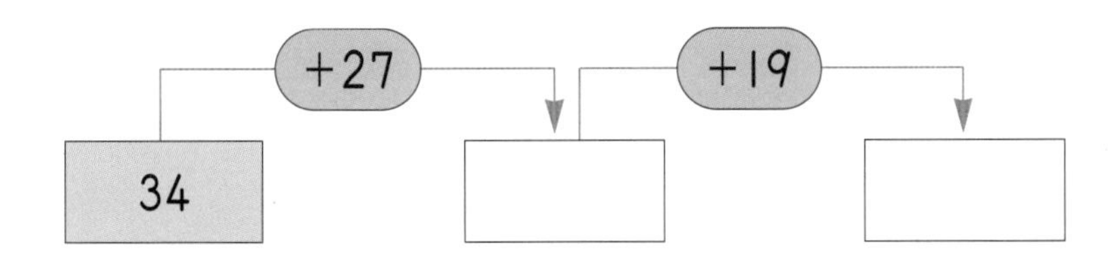

2. 세환이네 반 학생은 모두 45명입니다. 남학생이 29명이면, 여학생은 몇 명입니까?

[식] [답]

3. 두 수의 합이 70보다 큰 것은 어느 것입니까?

① 31+28 ② 15+63 ③ 24+35 ④ 50+14

4. 다음 □ 안에 알맞은 수를 써넣으시오.

(1)

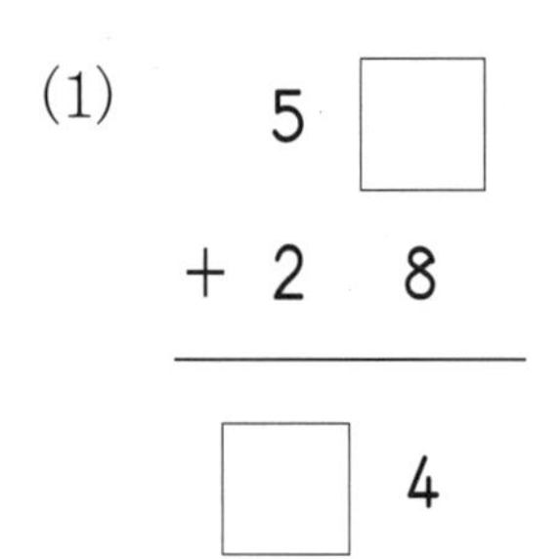

(2)

$$\begin{array}{rcc} & 6 & 3 \\ - & \square & 4 \\ \hline & 2 & \square \end{array}$$

5. 다음은 단위길이의 몇 배입니까?

├──┤ 단위길이

├──────────────────┤ (　　　　)

어떤 수를 □로 하여 식으로 나타내시오.(6~7)

6. 19에 어떤 수를 더하면 48입니다.

[식] ______________________

7. 52에서 어떤 수를 빼면 23입니다.

[식] ______________________

다음 그림을 보고 물음에 답하시오.(8~10)

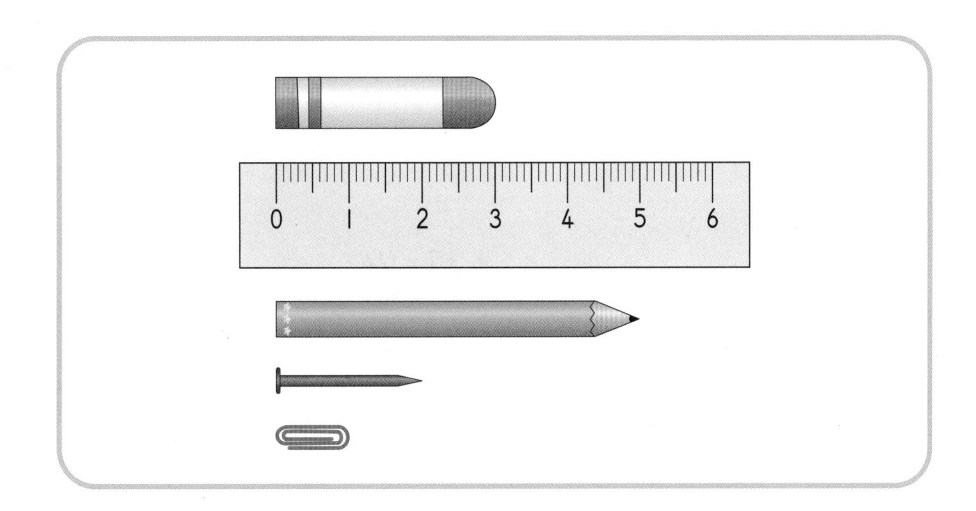

8. 길이가 가장 긴 물건은 어느 것입니까? [답]

9. 연필은 클립의 몇 배입니까? [답]

10. 위의 모든 물건이 단위길이라면, 어느 단위길이로 재어 나타낸 수가 가장 큽니까?

[답]

11. 다음 □ 안에 알맞은 수를 써넣으시오.

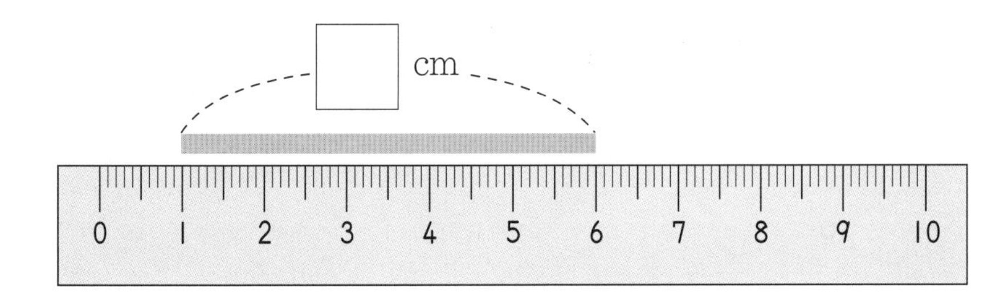

12. 다음 그림을 보고 □ 안에 알맞은 수를 써넣으시오.

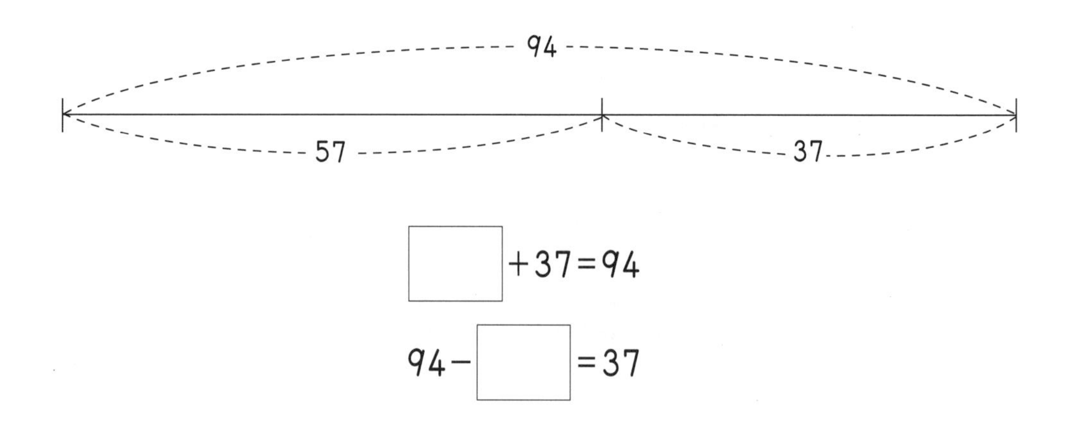

13. 다음 그림을 보고 □를 사용하여 식을 만들고, □의 값을 구하시오.

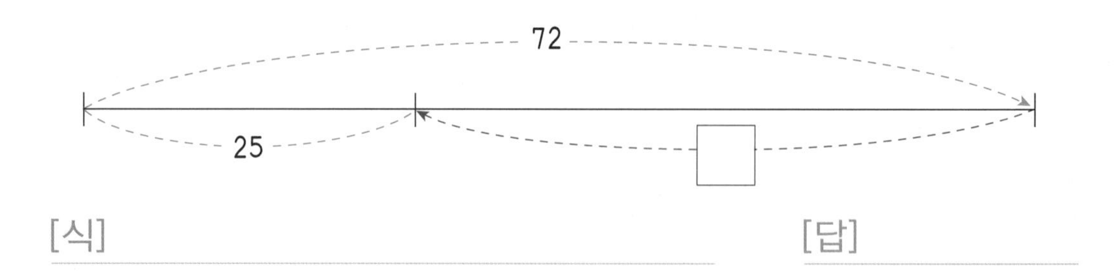

14. 다음 □ 안에 알맞은 수를 써넣으시오.

(1) 19 + □ = 34

(2) 47 − □ = 29

15. 이슬이는 사탕을 몇 개 가지고 있었습니다. 그중에서 친구에게 8개를 주었더니 5개가 남았습니다. 이슬이가 처음 가지고 있던 사탕은 몇 개인지 □를 사용하여 식으로 나타내고 답을 구하시오.

[식] [답]

다음은 상현이와 친구들이 줄넘기를 넘은 횟수입니다. 남학생은 모두 77번을 넘었습니다. 물음에 답하시오.(16~17)

남학생		여학생	
상현	시원	혜진	연수
	42번	29번	38번

16. 상현이가 줄넘기를 넘은 횟수는 몇 번입니까?

[식] [답]

17. 남학생과 여학생 중 어느 쪽이 몇 번 더 넘었습니까?

[식]

[답]

18. 미라의 한 뼘의 길이는 10 cm이고, 영주의 한 뼘의 길이는 12 cm입니다. 두 사람이 똑같이 4뼘을 재고 난 후, 길이를 비교하면 누가 몇 cm 더 깁니까?

[답]

19. 오른쪽 그림과 같이 17을 넣으면 9가 나오는 상자가 있습니다. 여기에 23을 넣으면 몇이 나옵니까?

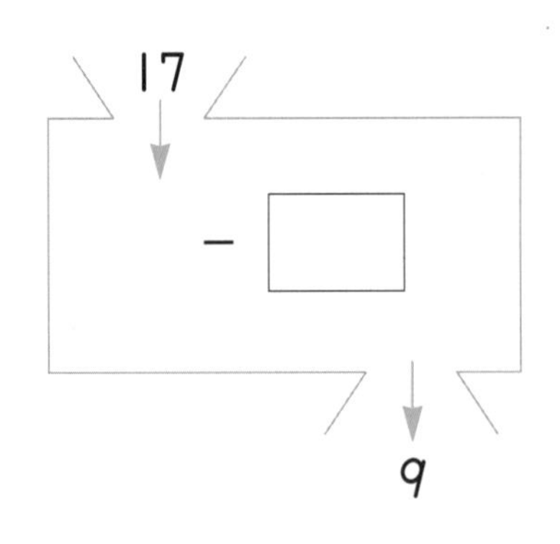

[답]

20. 닭이 9마리, 오리가 8마리, 토끼가 몇 마리 있습니다. 모두 30마리라면 토끼는 몇 마리인지 □를 사용하여 식으로 나타내고 답을 구하시오.

[식]

[답]

61a 1. 62, 62, 7+5, 30+20, 12+50
2. 94, 94, 8+6, 50+30, 14+80
3. 93, 13, 80, 93, 4+9, 20+60, 13+80

61b 4. 12, 30, 42 5. 15, 40, 55
6. 11, 60, 71 7. 12, 80, 92
8. 16, 70, 86 9. 18, 80, 98

62a 1. 17, 90, 107 2. 18, 110, 128
3. 14, 100, 114 4. 13, 160, 173
5. 10, 100, 110 6. 12, 120, 132

62b 7. 1, 3 8. 2, 1, 1
9. 1, 1, 3 10. 113
11. 6, 7, 5, 8 12. 15, 1, 2, 5
13. 125

63a 1. 1, 5, 1, 4, 5 2. 1, 1, 1, 7, 1
3. 1, 1, 1, 1, 1, 1
4. 1, 0, 1, 1, 5, 0

63b 5. [식] 78+84=162 [답] 162명
6. [식] 46+(46+8)=100
[답] 100송이
7. [식] 68+(68+7)=143
[답] 143

64a 1. 17, 70 → 87
2. 15, 70 → 85
3. 13, 70 → 83
4. 10, 80 → 90
5. 18, 100 → 118
6. 12, 120 → 132

64b 7. 56 8. 81 9. 84 10. 80
11. 120 12. 144 13. 136 14. 181
15. 139 16. 101

65a 1. 5, 10, 14 2. 1, 10, 14
3. 5, 40, 44 4. 1, 10, 44

65b 5. [식] 27+15=42 [답] 42마리
6. [식] 36+(36+5)=77 [답] 77세
7. [식] 34+(34+18)=86 [답] 86대

66a 1. 12
2 ⋯⋯ (7−5)
10 ⋯⋯ (40−30)
12 ⋯⋯ (2+10)

2. 37
7 ⋯⋯ (16−9)
30 ⋯⋯ (60−30)
37 ⋯⋯ (7+30)

3. 26
6 ⋯⋯ (14−8)
20 ⋯⋯ (40−20)
26 ⋯⋯ (6+20)

66b 4. 6, 20, 26 5. 3, 30, 33
6. 1, 30, 31 7. 8, 20, 28
8. 3, 40, 43 9. 9, 40, 49

67a 1. 3, 10, 2, 8 2. 6, 10, 2, 5
3. 5, 10, 9 4. 4, 10, 1, 6
5. 8, 10, 3, 8 6. 7, 10, 5, 9
7. 1, 7 8. 4, 10, 1, 2

67b 9. 9, 20, 29 10. 8, 40, 48
11. 8, 20, 28 12. 9, 30, 39
13. 7, 0, 7 14. 8, 0, 8

68a 1. 20, 67, 73, 67, 73
2. 60, 73, 60, 13, 73

3. 52, 48, 52, 48

4. 78, 48, 78, 48

68b 5. 91 6. 73 7. 45 8. 36

9.

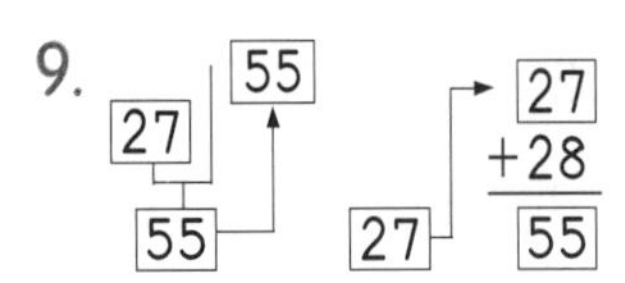

10. 28, 65, 65 / 28, +37, 65, 28

69a 1. 4, 10, 6, 4, 10, 2, 6

2. 5, 10, 8, 5, 10, 4, 8

3. 7, 10, 5, 7, 10, 2, 5

4. 8, 10, 7, 8, 10, 1, 7

69b 5. 40 6. 2, 10, 19

7. 3, 10, 28 8. 54

9. 5, 10, 37 10. 6, 10, 48

11. 21 12. 8, 10, 28 13. 10

70a 1. 20, 6, 26 2. 30, 9, 39

3. 10, 8, 18 4. 60, 4, 64

70b 5. [식] 47−28+19=38 [답] 38명

6. [식] 38+27+76=141
[답] 141그루

7. 137회 풀이 64(형)+(64−36)(동생)+(64−36+17)(나)=137

71a 1. 84 2. 28 3. 28 4. 56

5. 37, 63, 85 6. 81, 130, 154

7. 28, 24, 46 8. 38, 44, 25

71b 9. [식] 45+47−15−15=62
[답] 62장

10. [식] 88−19+43=112
[답] 112대

11. [식] 72+(72+25)=169
[답] 169걸음

72a 1. 77, 165, 165 2. 90, 135, 135

3. 85, 174, 174 4. 99, 142, 142

5. 40, 25, 25 6. 28, 66, 66

72b 7. 36, 46, 18 8. 27, 37, 78

9. 54, 17, 45, 161

73a 창의력 학습

73−55, 45−27, 75−57, 84−66, 34−16, 62−43

73b 창의력 학습 (㉶, ㉳), (㉴, ㉮)

풀이 ㉶+㉳=7+15=22
㉴+㉮=13+9=22

74a 경시 대회 예상 문제 1. (1) 1, 92 (2) 1, 102 (3) 1, 116
(4) 1, 129 (5) 1, 157 (6) 1, 149
(7) 2, 172 (8) 2, 181 (9) 2, 181

74b 경시 대회 예상 문제 2. (1) 57 (2) 46 (3) 75

3. (1) 131 (2) 166 (3) 140

4. (1) > (2) >
5. (1) 131 (2) 27

75a 경시 대회 예상 문제

6. (1) 50, 40, 8, 14, 104
   (2) 9, 20, 9, 6, 46
7. 84, 36, 48
8. (1) 8, 8 (2) 7, 5

75b

9. 16, 50

10. 14마리 풀이 오리와 강아지는 모두 23마리이고, 오리는 강아지보다 5마리 더 많으므로 표를 만들어 알아봅니다.

오리	23	22	21	20	…	14	13	12
강아지	0	1	2	3	…	9	10	11
차	23	21	19	17	…	5	3	1

따라서 오리는 14마리, 강아지는 9마리입니다.

11. 9 풀이 □ 안에 가장 큰 수가 오려면 34−□=25일 때입니다. 따라서 □=34−25=9입니다.

12. 3장 풀이 언니와 동생이 가지고 있는 색종이의 수를 더하면 25+19=44(장)입니다. 그러므로 44장을 언니와 동생이 똑같이 나누어 가지려면 22장씩 가지면 됩니다. 따라서 언니가 동생에게 3장을 주어야 합니다.

76a

1. (1) 짧다 (2) 길다
2. (1) 높다 (2) 낮다
3. (1) 두껍다 (2) 얇다

76b

4. ㉠ 5. ㉡
6. ㉡ 7. ㉠

77a

1. ㉠ 2. ㉡

3. ( ) (○)
4. (○) ( )

77b

5. 스케치북 6. 의자
7. 생략 8. 생략

78a

1. ㉠ 2. ㉢
3. 5개 4. 3개 5. 1개

78b

6. 연필 7. 색 테이프
8. 3개 9. 3개 10. 1개

79a

1. 3배 2. 2배 3. 1배

79b

4. 9배 5. 6배 6. 3배
7. 단위길이 ㉰ 8. 단위길이 ㉮
9. 단위길이 ㉮

80a

1. 6배 2. 2배 3. 12배
4. 6배 5. 4배 6. 2배

80b

7. (1) 4배 (2) 2배 (3) 5배
8. (1) 3배 (2) 4배 (3) 2배
9. 깁니다.

81a

1. ㉯ 2. ㉮ 3. 3칸 4. ㉰

81b

5.
6.
7.
8.
9.

82b

1. 1 cm 2. 생략

3. 2 cm　4. 5 cm　5. 10 cm

83a 1. 생략　2. 4배　3. 6배　4. 2배

83b 5. 5 cm　6. 7 cm　7. 6 cm　8. 4 cm

84a 1. (1) 예) 4 cm쯤　(2) 4 cm
2. (1) 예) 3 cm쯤　(2) 3 cm
3. (1) 예) 6 cm쯤　(2) 6 cm
4. (1) 예) 10 cm쯤　(2) 10 cm

84b 생략

85a 1. 3　2. 8　3. 7　4. 5

85b 5. 5　6. 8　7. 9　8. 10

86a 1. 5, 5　2. 7, 7
3. 6, 6

86b 4. 8　5. 10　6. 7　7. 8

87a 1. 6　2. 3　3. 7　4. 2

87b 5. 7 cm　6. 9 cm　7. 10 cm　8. 11 cm
9. 2 cm　10. 2 cm　11. 4 cm
12. 8 cm　13. 23 cm　14. 10 cm

88a 1. 6 cm　2. 3 cm
3. [식] 6−3=3　[답] 3 cm
4. [식] 6+3=9　[답] 9 cm
5. [식] 80−20=60
[답] 60 cm

88b 6. [식] 8+5+8+5=26
[답] 26 cm
7. [식] 7+9+7=23
[답] 23 cm

8. [식] 42+18=60
[답] 60 cm

89a 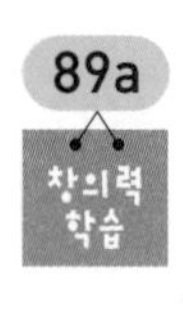

89b 창의력 학습

예) 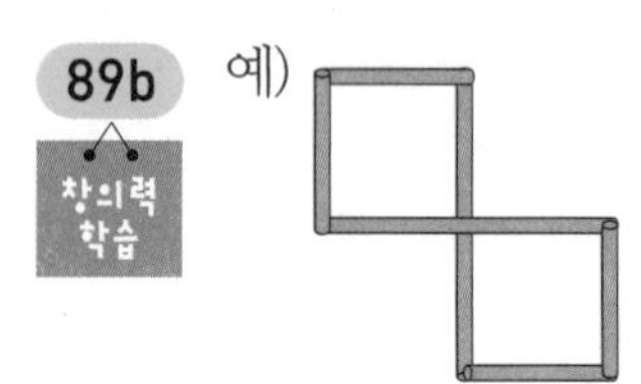

90a 경시 대회 예상 문제

1. ①
2. (1) 8배　(2) 1 cm
3. 5 cm
4. 8 cm　풀이 2+2+2+2=8

90b 경시 대회 예상 문제

5. [식] 9+4+9+4=26
[답] 26 cm
6. ㉰　7. (1) 6 cm　(2) 16 cm

91a 1. 3　2. 2　3. 2　4. 5
5. 8+□=10　6. 9−□=3

91b 7. 5마리　8. 예) □
9. 5+□=8　10. □=8−5
11. 3마리

92a 1. □+12　2. □+5
3. 12+□=20　4. 10+□=15

92b 5. 7+□　6. 6+□
7. □+6

93a 1. 24+□ 2. 32+□
3. □+25

93b 4. 5+4 5. 6+2
6. 4+3 7. □+5
8. □+8 9. □+9
10. 15+□ 11. 14+□

94a 1. 4 2. 6 3. 6 4. 26
5. 23 6. 30 7. 15 8. 40
9. 73 10. 58

94b 11. 15마리 12. 예) □
13. 15−□=8 14. □=15−8
15. 7마리

95a 1. □−14 2. □−8
3. 20−□=10 4. 30−□=15
5. □−12=20

95b 6. 12−□=8 7. 15−□=9

96a 1. 26−□=6 2. □−22=18
3. 30−16=□

96b 4. 19−7 5. 15−8
6. 20−14 7. □−32
8. □−15 9. □−45
10. 85−□ 11. 78−□

97a 1. □+11=20 ⇒ □=20−11=9
2. 7+□=20 ⇒ □=20−7=13
3. □+5=20 ⇒ □=20−5=15

97b 4. [식] 12+□=30 [답] 18개
풀이 □=30−12=18
5. [식] □+8=25 [답] 17마리
풀이 □=25−8=17
6. [식] 18+□=32 [답] 14마리
풀이 □=32−18=14

98a 1. 20−□=14 ⇒ □=20−14=6
2. 20−□=8 ⇒ □=20−8=12
3. □−9=11 ⇒ □=11+9=20

98b 4. [식] 48−□=28 [답] 20장
풀이 □=48−28=20
5. [식] □−8=12 [답] 20명
풀이 □=12+8=20
6. [식] 42−□=26 [답] 16개
풀이 □=42−26=16

99a 1. □+34=92
⇒ □=92−34, □=58
2. □+42=81
⇒ □=81−42, □=39
3. 8+□=10
⇒ □=10−8, □=2

99b 4. 49 5. 28 6. 12 7. 29
8. 48 9. 5 10. 36 11. 27

100a 1. □−15=28
⇒ □=28+15, □=43
2. □−48=35
⇒ □=35+48, □=83
3. 92−□=65
⇒ □=92−65, □=27

100b 4. 46 5. 24 6. 22 7. 48

8. 81 9. 75 10. 90 11. 55

101a 1. [식] □+18=44 [답] 26
풀이 □=44−18, □=26
2. [식] 28+□=45 [답] 17
풀이 □=45−28, □=17
3. [식] 47+□=73 [답] 26
풀이 □=73−47, □=26

101b 4. [식] □+45=85 [답] 40개
풀이 □=85−45, □=40
5. [식] 12+□=30 [답] 18대
풀이 □=30−12, □=18
6. [식] 38+□=65 [답] 27년 후
풀이 □=65−38, □=27

102a 1. [식] 72−□=50 [답] 22
풀이 □=72−50, □=22
2. [식] □−32=18 [답] 50
풀이 □=18+32, □=50
3. [식] □−26=37 [답] 63
풀이 □=37+26, □=63

102b 4. [식] 84−□=25 [답] 59개
풀이 □=84−25, □=59
5. [식] □−24=36 [답] 60장
풀이 □=36+24, □=60
6. [식] 35−□=9 [답] 26살
풀이 □=35−9, □=26

103a 1. 예) 딸기가 몇 개 있었는데, 동생이 5개를 먹었더니 6개가 남았습니다. 처음에 있던 딸기는 몇 개입니까?
2. 예) 생일 선물로 받은 연필 몇 자루가 있었습니다. 그중에서 동생에게 24자루를 주었더니 16자루가 남았습니다. 생일 선물로 받은 연필은 몇 자루입니까?
3. 예) 형과 동생이 윗몸일으키기를 하였습니다. 형은 25번을 했고, 동생이 한 것과 합했더니 40번이 되었습니다. 동생은 윗몸일으키기를 몇 번 했습니까?
4. 예) 하늘이는 우표를 62장 모았습니다. 이 중에서 친구에게 몇 장을 주었더니 48장이 남았습니다. 친구에게 준 우표는 몇 장입니까?

103b 5. 10 6. 23 7. 34 8. 30
9. 20 10. 55 11. 8 12. 25
13. 45 14. 16

104a 창의력 학습 □=16

104b 창의력 학습

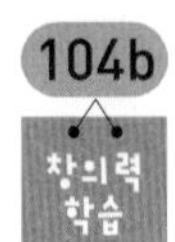

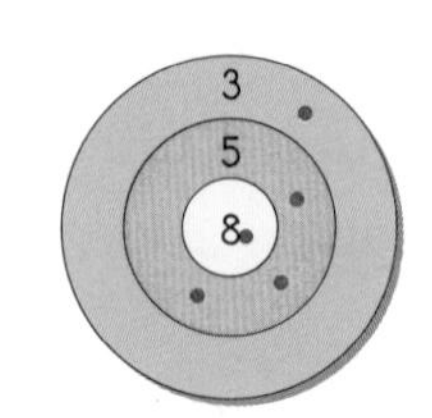

105a 경시 대회 예상 문제 1. 4+□=12
2. (1) [식] 15+□=40 [답] 25
풀이 □=40−15, □=25
(2) [식] 92−□=44 [답] 48
풀이 □=92−44, □=48

105b 경시 대회 예상 문제 3. [식] □−25+26=88 [답] 87
4. 10 풀이 □+□+□+□+□+□+□+10=□+□+□+□+□+□+□+□
어떤 수를 7번 더한 값이 8번 더한 값보다 10이 작다고 했으므로, 어떤 수를 7번 더한 값에 10을 더하면 어떤 수를 8번 더한 값과 같게 됩니다.

5. 4마리, 5마리
풀이 병아리의 다리 수는 2개, 강아지의 다리 수는 4개, 병아리와 강아지는 모두 9마리이므로, 합이 9가 되는 경우는

병아리 수	0	1	2	3	4	5	6	7	8	9
강아지 수	9	8	7	6	5	4	3	2	1	0
다리 수의 합	36	34	32	30	28	26	24	22	20	18

입니다. 따라서 다리가 모두 28개이므로 병아리 4마리, 강아지 5마리입니다.

6. 5장 풀이 언니와 동생이 가진 색종이 수의 차는 10장(28−18=10)입니다. 따라서 10장의 반인 5장을 동생에게 주면 언니와 동생 모두 23장으로 같게 됩니다.

106a
1. 85명, 94명
2. [식] 85+94=179 [답] 179명
3. 6학년, 1학년
4. [식] 98−68=30 [답] 30명

106b
5. [식] 8+9=17 [답] 17명
6. [식] 8−5=3 [답] 3명
7. [식] 9+8=17 [답] 17명
8. [식] 8+9−5+8=20
[답] 20명

107a
1. 아름이가 가지고 있는 색종이의 수
2. 52−36+15
3. [식] 52−36=16 [답] 16장
4. [식] 16+15=31 [답] 31장
5. [식] 52−36+15=31 [답] 31장

107b
6. 은비가 3일 동안 읽은 동화책의 쪽수
7. 46+37+58
8. [식] 46+37=83 [답] 83쪽
9. [식] 83+58=141 [답] 141쪽
10. [식] 46+37+58=141
[답] 141쪽

108a
1. 단위길이 ㉮ 2. 단위길이 ㉰
3. 4배 4. 12 cm

108b
5. 8 cm 풀이 2+2+2+2=8
6. 16 cm 풀이 4+4+4+4=16
빨간 선의 사각형은 네 변이 각각 4 cm입니다.
7. 22 cm 풀이 2+2+2+2+2+2+2+2+2+2+2=22
(그림)이 가장 짧은 거리입니다.
8. 44 cm 풀이 가장 큰 사각형은 긴 변이 14 cm, 짧은 변이 8 cm입니다.
14+8+14+8=44

109a
1. 노란색 끈의 길이 2. 77 cm
3. [식] 77+8=85 [답] 85 cm
4. □−12=85 5. 97 cm

109b
6. 2개 7. 1 cm
8. 6개 풀이 연필 1자루는 지우개 3개의 길이와 같으므로, 못 6개의 길이와 같습니다.
9. 6 cm
10. 12 cm 풀이 색 테이프는 연필 2자루 또는 지우개 6개 또는 못 12개의 길이와 같습니다.

110a
1. 53, 12 2. 66, 24 3. 동생
4. [식] 53+□=66 [답] 13
풀이 □=66−53, □=13

110b
5. 판 고구마의 개수
6.
30
12 □ 8
7. 30−8−□=12

8. 10

풀이 30−8−□=12, 22−□=12, □=22−12, □=10

9. 10개

111a 1. 토끼의 수

2. 동물을 모두 합한 수, 사슴의 수, 염소의 수

3. 18+14+□=45

4. 13 풀이 18+14+□=45, 32+□=45, □=45−32, □=13

5. 13마리

111b 6. 14, 28, 18, □

7. 14+28−□=18

8. 24 풀이 14+28−□=18, 42−□=18, □=42−18, □=24

9. 24개

112a 1. 42 풀이 △=□+□=7+7=14,
◎=△+□+□=14+7+7=28,
☆=◎+◎−△=28+28−14
=42

2. 100 3. 19 4. 45 5. 90

6. 38 7. 76 8. 46 9. 48

112b 10. [식] 45+38=83 [답] 83송이

11. [식] 24+(24+17)=65
[답] 65개

12. 70 풀이 □+24=52⇒□=52−24, □=28 따라서 바르게 계산하면 28+42=70입니다.

113a 1. 5, 7 2. 3, 5 3. 11, 54

4. [식] 28−19+25=34 [답] 34명

113b 5. 12 풀이 36−□가 24일 때 가장 큰 수가 오게 됩니다. 따라서 36−□=24⇒□=36−24, □=12입니다.

6. 24

7. 9살

풀이 표를 만들어 알아봅니다.

오빠	20	19	18	…	14	13	12	11
동생	1	2	3	…	7	8	9	10
차	19	17	15	…	7	5	3	1

따라서 오빠는 12살, 동생은 9살입니다.

8. 2자루 풀이 언니는 연필이 2타이므로 24자루, 동생은 20자루입니다. 24−20=4<$^{2}_{2}$ 따라서 언니가 동생에게 2자루를 주면 언니와 동생 모두 22자루가 됩니다.

114a 1. 6 cm 2. 7 cm

3. ㉮:3배, ㉯:4배, ㉰:2배

114b 4. ④

5. 6.

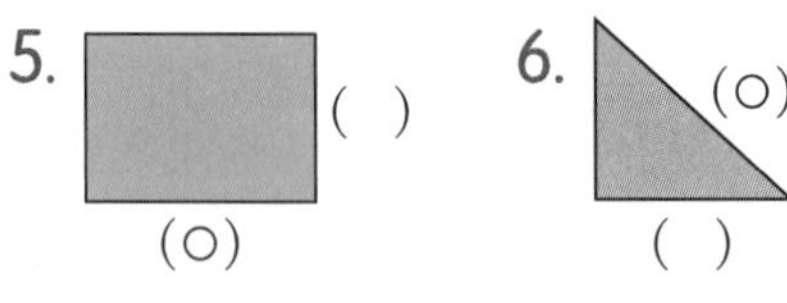

7.

8.

115a 1. 12배

2. [식] 8+8+8+8=32 [답] 32 cm

3. [식] 10+10+10=30 [답] 30 cm

115b 4. 10 cm 풀이 1+1+1+1+1+1+1+1+1+1=10 (cm)

5. 20 cm 풀이 2+2+2+2+2+2+2+2+2+2=20 (cm)

6. 50 cm 풀이 5+5+5+5+5+5+5+5+5+5=50 (cm)

7. 10배 8. 20 cm

116a 1. 4+□=25 2. □−12=54

3. 33 4. 29

5. 25−□=17

116b

6. [식] □+47=82 [답] 35
7. [식] 78−□=39 [답] 39
8. [식] □+38=84 [답] 46장

풀이 □=84−38, □=46

9. [식] 52−18−□=28 [답] 6장

풀이 34−□=28, □=34−28, □=6

117a

1. 73 2. 167 3. 54
4. 34 5. 129 6. 36
7. 10, 16, 22, 25
8. 7, 9, 13, 17
9. 29, 21, 13, 9

117b

10. 27 11. 31 12. 73 13. 16

14. [식] 57+35−□=80 [답] 12

풀이 92−□=80, □=92−80, □=12

15. 2마리 풀이 강아지의 다리는 4개인데 4마리이므로 다리는 16개입니다. 따라서 16+□=20⇒□=4입니다. 닭의 다리가 4개이므로 닭은 2마리입니다.

118a 창의력 학습

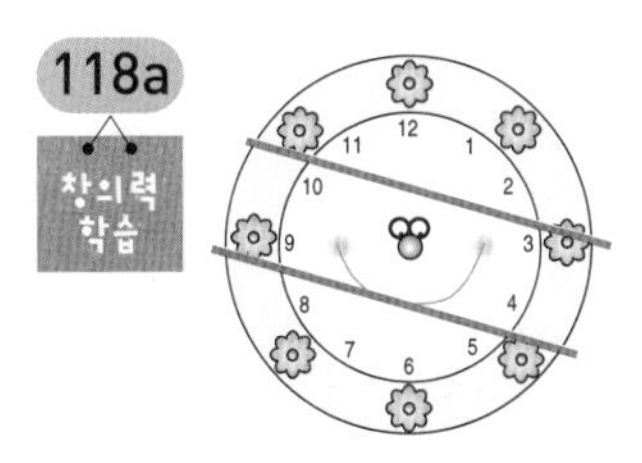

118b 창의력 학습

너구리

119a 경시 대회 예상 문제

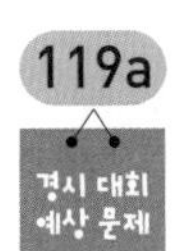

1. (1) (+27)

28	55
56	83
19	46

(2) (−26)

74	48
85	59
88	62

2. 93−68=25, 93−25=68
3. 46+45=91, 45+46=91

119b 경시 대회 예상 문제

4. (1) 81 (2) 54
   (3) 141 (4) 29
5. (1) [식] 4+4+4+4+4=20
   [답] 20 cm
   (2) [식] 10+10+10+10+10+10=60 [답] 60 cm
6. [식] 91−15=76 [답] 76

풀이 1, 5, 9를 한 번씩만 사용하여 만들 수 있는 두 자리 수는 95, 91, 59, 51, 19, 15의 6가지입니다.

120a 경시 대회 예상 문제

7. (1) 예) 민솔이는 동화책을 읽었습니다. 어제는 48쪽을 읽었고, 오늘은 22쪽을 읽었습니다. 민솔이가 어제와 오늘 읽은 동화책은 모두 몇 쪽입니까?
   (2) 예) 어머니께서 시장에서 귤 50개를 사 오셨습니다. 태우와 시라가 20개를 먹었습니다. 남은 귤은 몇 개입니까?
   (3) 예) 40에 어떤 수를 더했더니 80이 되었습니다. 어떤 수는 얼마입니까?
   (4) 예) 80에서 어떤 수를 빼었더니 30이 되었습니다. 어떤 수는 얼마입니까?

120b 경시 대회 예상 문제

8. 13살

풀이

□ □ 4
동생 형
22

□+□+4=22⇒□+□=22−4 즉, □+□=18이므로 □=9입니다. 따라서 형의 나이는 9+4=13(살)입니다.

9. 3학년 풀이 중학교 1학년을 초등학교 7학년으로 생각합니다. 동생은 4년 후에 언니와 같은 학년이 되므로 □+4=7⇒□=3입니다. 따라서 지금 동생은 초등학교 3학년입니다.

10. 27 풀이 □+24=75⇒□=51 따라서 바르게 계산하면 51-24=27입니다.

성취도 테스트

1. 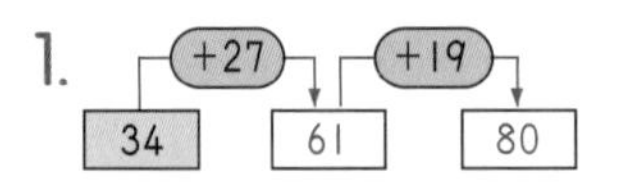

2. [식] 45-29=16 [답] 16명

3. ②

4. (1) 6, 8 (2) 3, 9

5. 9배 풀이 단위길이는 1 cm이고 주어진 선분의 길이는 9 cm이므로, 단위길이의 9배입니다.

6. 19+□=48

7. 52-□=23

8. 자

9. 5배

10. 클립

11. 5

12. 57, 57

13. [식] 72-□=25 [답] 47
풀이 □=72-25, □=47

14. (1) 15 (2) 18

15. [식] □-8=5 [답] 13개
풀이 □=5+8, □=13

16. [식] 77-42=35 [답] 35번

17. [식] 77-(29+38)=10
[답] 남학생이 10번 더 넘었습니다.

18. 영주가 8 cm 더 깁니다.
풀이 (12+12+12+12)-(10+10+10+10)=48-40=8 (cm)

19. 15
풀이 17-□=9, □=17-9, □=8
⇒23-8=15

20. [식] 9+8+□=30 [답] 13마리
풀이 17+□=30, □=30-17,
□=13